化学

文化百科

化学探索历史

牛 月 编著　胡元斌 丛书主编

汕头大学出版社

图书在版编目（CIP）数据

化学：化学探索历史 / 牛月编著. -- 汕头：汕头
大学出版社，2015.2 （2020.1 重印）
（中国文化百科 / 胡元斌主编）
ISBN 978-7-5658-1624-6

Ⅰ．①化… Ⅱ．①牛… Ⅲ．①化学史－中国 Ⅳ.
①O6-092

中国版本图书馆CIP数据核字(2015)第020854号

化学：化学探索历史　　　　HUAXUE：HUAXUE TANSUO LISHI

编　　著：牛　月
丛书主编：胡元斌
责任编辑：邹　峰
封面设计：大华文苑
责任技编：黄东生
出版发行：汕头大学出版社
　　　　　广东省汕头市大学路243号汕头大学校园内　邮政编码：515063
电　　话：0754-82904613
印　　刷：三河市燕春印务有限公司
开　　本：700mm×1000mm　1/16
印　　张：7
字　　数：50千字
版　　次：2015年2月第1版
印　　次：2020年1月第2次印刷
定　　价：29.80元
ISBN 978-7-5658-1624-6

前 言

　　中华文化也叫华夏文化、华夏文明，是中国各民族文化的总称，是中华文明在发展过程中汇集而成的一种反映民族特质和风貌的民族文化，是中华民族历史上各种物态文化、精神文化、行为文化等方面的总体表现。

　　中华文化是居住在中国地域内的中华民族及其祖先所创造的、为中华民族世世代代所继承发展的、具有鲜明民族特色而内涵博大精深的传统优良文化，历史十分悠久，流传非常广泛，在世界上拥有巨大的影响。

　　中华文化源远流长，最直接的源头是黄河文化与长江文化，这两大文化浪涛经过千百年冲刷洗礼和不断交流、融合以及沉淀，最终形成了求同存异、兼收并蓄的中华文化。千百年来，中华文化薪火相传，一脉相承，是世界上唯一五千年绵延不绝从没中断的古老文化，并始终充满了生机与活力，这充分展现了中华文化顽强的生命力。

　　中华文化的顽强生命力，已经深深熔铸到我们的创造力和凝聚力中，是我们民族的基因。中华民族的精神，也已深深植根于绵延数千年的优秀文化传统之中，是我们的精神家园。总之，中国文化博大精深，是中华各族人民五千年来创造、传承下来的物质文明和精神文明的总和，其内容包罗万象，浩若星汉，具有很强文化纵深，蕴含丰富宝藏。

　　中华文化主要包括文明悠久的历史形态、持续发展的古代经济、特色鲜明的书法绘画、美轮美奂的古典工艺、异彩纷呈的文学艺术、欢乐祥和的歌舞娱乐、独具特色的语言文字、匠心独运的国宝器物、辉煌灿烂的科技发明、得天独厚的壮丽河山，等等，充分显示了中华民族厚重的文化底蕴和强大的民族凝聚力，风华独具，自成一体，规模宏大，底蕴悠远，具有永恒的生命力和传世价值。

在新的世纪，我们要实现中华民族的复兴，首先就要继承和发展五千年来优秀的、光明的、先进的、科学的、文明的和令人自豪的文化遗产，融合古今中外一切文化精华，构建具有中国特色的现代民族文化，向世界和未来展示中华民族的文化力量、文化价值、文化形态与文化风采，实现我们伟大的"中国梦"。

习近平总书记说："中华文化源远流长，积淀着中华民族最深层的精神追求，代表着中华民族独特的精神标识，为中华民族生生不息、发展壮大提供了丰厚滋养。中华传统美德是中华文化精髓，蕴含着丰富的思想道德资源。不忘本来才能开辟未来，善于继承才能更好创新。对历史文化特别是先人传承下来的价值理念和道德规范，要坚持古为今用、推陈出新，有鉴别地加以对待，有扬弃地予以继承，努力用中华民族创造的一切精神财富来以文化人、以文育人。"

为此，在有关部门和专家指导下，我们收集整理了大量古今资料和最新研究成果，特别编撰了本套《中国文化百科》。本套书包括了中国文化的各个方面，充分显示了中华民族厚重文化底蕴和强大民族凝聚力，具有极强的系统性、广博性和规模性。

本套作品根据中华文化形态的结构模式，共分为10套，每套冠以具有丰富内涵的套书名。再以归类细分的形式或约定俗成的说法，每套分为10册，每册冠以别具深意的主标题书名和明确直观的副标题书名。每套自成体系，每册相互补充，横向开拓，纵向深入，全景式反映了整个中华文化的博大规模，凝聚性体现了整个中华文化的厚重精深，可以说是全面展现中华文化的大博览。因此，非常适合广大读者阅读和珍藏，也非常适合各级图书馆装备和陈列。

目 录

冶金冶炼

炼丹制药

生活制品

冶金冶炼

在制陶过程中所发展起来的高温技术，为金属的冶炼、提纯和熔铸创造了条件。冶金技术的出现，成为人类继烧陶之后运用化学手段来改造自然、创造财富的又一辉煌成就。

冶金技术的推广和发展直接导致了工具的变革，无疑这将对生产力的发展、社会生活面貌的改变产生革命性的作用。

冶金技术的发明把人类生活从野蛮时代推向了文明的殿堂；而人们对金属有所认识也是从这里开始的，在选矿和冶炼金属的实践中，有关金属的知识逐渐积累起来了。

冷锤和热铸冶金技术

冶金作为一门古老的技术，在国内外都已有几千年的历史。人类由使用石器、陶器进入到使用金属，这是人类文明的一次飞跃。

我国古代冶金技术的发展要比欧洲国家早，尤其是在掌握铸铁及热处理技术方面。我国冶金技术起源于新石器早期。

当时人们在采集石料过程中发现了天然红铜，并对其进行冷锤成型和热铸，由此拉开了冶金历史的序幕。

随着冶炼技术的发展和提高，又从共生矿中提炼出铅、锡等金属，体现了技术进步和生产发展，这是促进社会文明进步的典型范例。

　　有一次，在新石器早期，华夏部落里有个人无意中将红铜器物落入火炭之中，发现在加热中，红铜变软，甚至熔化改形。于是，他把另一块红铜放在陶质器皿中加热熔化，又用石范将熔化的红铜铸成自己想要的一个模型。

　　他把这一做法告诉了其他同伴，人们也用这个方法铸造自己喜欢的小饰物，还有生活用品等。就这样，我国冶金历史从加工利用和冶炼铜及铜合金开始了。

　　人们在采集石料中，偶尔发现了与一般岩石不同的天然红铜。它们混杂在铜矿石之中，在阳光的照耀下，闪着美丽的金属光泽。

　　在古人的眼里，这些天然红铜是一种奇特的、便于锤打改形的、闪烁着光泽的"石头"。

　　由于它们质地柔软，古人就用质地坚硬的岩石对其进行锤打，加工成简单的装饰品等小器物。这是古人加工的第一种金属。

从冷锤成型到热铸，对人们认识有关金属物质是一个飞跃，有着深远的意义。热铸技术较少受到原料的多寡、形状的限制，所以得到了推广和发展。考古发掘的出土文物就是佐证。

在甘肃武威皇娘娘台的齐家文化遗址中曾出土了一批铜器，近30件，包括刀、锥、凿、环等，经分析其含铜量达99%以上。其中不含炼渣等杂物，多数是锻打成型，个别的是熔铸的。它们是天然红铜的制品。

一般来说，天然红铜的纯度是相当高的，大多只含微量的锡、铅、锑、镍等金属杂质。而用原始技术所冶炼出的纯铜，往往不仅含有较多的与铜矿石共生的金属元素，如铅、锡、锌、铁等。而且由于冶炼温度不够高，铜与炼渣未能很好地分离，以至于又会夹杂有硅、钙、镁、铝等的氧化物。

通过对甘肃省广河、永靖、玉门的齐家文化遗址，还有火烧沟文化遗址、山西省夏县东下冯文化遗址、内蒙古自治区赤峰市的夏家店文化遗址等新石器时期文化遗址出土的铜器的分析，发现了一些天然红铜的制品。

这表明，在新石器时期早、中期，我国的部分地区的确存在一个铜石并用的时代。

随着制陶技术与高温技术的发展，热铸红铜的推广导致冶金技术的发明。从锻打金属发展到熔铸金属，再发展到开采矿石、冶炼金属，其间经历了漫长的岁月。

自然铜往往是夹杂在铜矿石之中的，在选拣自然铜中必定会连带那些含铜量较高的铜矿石一起采得。再者，自然铜生锈变绿，与自然界某些矿石，如孔雀石、蓝铜矿等很相似。

这些相似或相近的矿石很可能被同时放入陶制器皿中被熔铸。铜的熔点约为1083度，而孔雀石等氧化铜一类矿石只要在800度左右即可被炭火还原。

因为铜矿石比自然铜的熔炼更容易，所以在熔铸自然红铜的过程中，人们进而掌握了铜矿石的选择和冶炼，使远古时期的冶炼技术又上了一个新台阶。

由于金属矿的共生，人们采用铜矿石冶炼出来的铜相当部分不是很纯的红铜，而是铜合金。而当时的人们不可能区分单一矿和共生矿，也没有合金的知识，只能注意到用不同的孔雀石炼出的铜在颜色上有些差异。

在这种情况下，人们在冶铜之初，就不自觉地冶炼出了铜合金。

再者，铜矿石中正是由于含有与铜共生的铅、锡、锌、铁等成分，从而降低了冶炼的熔点，冶炼出来的铜合金则比红铜硬多了，较

适合制作某些工具。就这样，伴随着冶铜技术的发展，铜合金逐渐被人们认识了。

从出土文物来看，我国最早一批原始冶炼的铜制品是属于新石器时期中期的制品。

如在陕西省临潼姜寨仰韶文化遗址中出土的一些铜片，据分析它是含少量铅锡的铜锌合金，含锌为20%至26%。它被压在仰韶文化层之下，最迟也应是仰韶文化前期的制品，距今当有6000年之久。

在甘肃省东乡林家马家窑文化遗址出土了用单范铸成的铜片，在甘肃省永登连城蒋家坪马厂文化遗址出土了残铜刀。前者距今约5000年，后者距今也至少有4000年，它们都是青铜制品。

此外，在甘肃省火烧沟文化遗址、山东省龙山文化遗址、山西省东下冯文化遗址、河南省偃师二里头文化遗址、内蒙古自治区夏家店下层文化遗址都发现了属于冶炼而成的铜器物，除少数为红铜外，大部分是青铜。

特别是在甘肃省永靖县张家嘴辛店文化遗址和山东省诸城龙山文化遗址中，不仅出土了一些红铜碎片，同时还发现有铜炼渣和孔雀石。这清楚地说明，在4000年前，黄河中下游地区及内蒙古、青海等地区普遍出现了冶铜的活动。当时的炼铜活动大多直接采用以孔雀石为主的单一铜矿石，其中不乏杂有其他共生矿。

我国出土的早期铜器多含有铅。这可能是在冶铸青铜时由于混入铅矿石或由于冶炼的是铜铅共生矿，于是铅与铜一起混合冶炼出来了。我国最早的纯铅实物，迄今所知是二里头文化后期灰坑中出土的一块不成器的铅块。年代较早的铅器还有夏家店下层文化出土的铅贝。这两项充分证明，我国最迟在夏代就掌握了纯铅的冶炼技术。

随着青铜冶铸技术的发展，炼铅技术也相应地提高了。殷墟西区墓葬中出土了50余件铅礼器和象征性兵器，其中4件铅礼器，含铅均在99％左右。而传世的10件商周形制铅礼器中，有一件几乎为纯铅，两件含铅95％以上。

在古代的许多场合，曾有铅锡不分的现象，然而殷墟妇好墓与殷墟西区所出金属实物的成分表明，铅器及铅青铜集中于社会地位较低的小贵族及平民墓中，而在王室的妇好墓中以锡青铜为主，这说明在商代铅、锡在某些场合已能被区分开来。

商代中期青铜冶炼工艺已超越由矿石混合冶铸青铜的低级阶段，发展至先分别炼出铜、锡、铅，

再按一定配比混合熔炼的较高水平。

河南省洛阳西周墓出土8件铅制礼器和一件铅戈，铅戈含杂质甚少，含铜0.23%，含镍小于0.22%，含铅高达99.75%，可见当时炼铅技术已达到很高的水平。

至春秋战国时期，铅已用于生活用具的制造，用铅锡合金铸焊铅器已很普遍。湖北省随州曾侯乙墓出土有锡锻及铅鱼，均属铅锡合金。战国时期锡锻的使用，在冶金铸焊史上是一个创举。

锡的熔点只有232度，在自然界多以氧化物即锡石的形式存在，冶炼也较为简易。

马家窑文化时期的两件铜刀皆为锡青铜，最早的铜镜为锡青铜。小屯殷墟出土一件锡块，大司空村殷墟出土6件锡戈。殷墟还出土镀锡的铜盔，镀层精美，至今光耀如新。

这些考古发现说明，我国最迟在商代就掌握了冶炼纯锡的技术和镀锡技术。

至春秋战国时期，我们的祖先还对各种青铜器中铜、锡配比规律

有了明确的记载，这就是《考工记》中所总结出的"六齐"规律。

在云南省楚雄县万家坝出土春秋晚期纯锡器54件，包括锡饰、锡管、锡片等，纯度为95.75%。湖北省江陵纪南城遗址也出土过锡饼和锡攀钉。这说明在春秋战国时期，我国的炼锡技术和锡器制作技术已达到较高水平。

秦汉时期以后，虽然在文献记载中常有铅锡使用不加区分的现象，但是一般的冶炼工匠是能够分辨铅锡的，民间使用锡器也已经相当普遍了。

拓展阅读

妇好墓随葬品极为丰富，最能体现殷墟文化发展水平的是青铜器和玉器。其中青铜器共468件，以礼器和武器为主，礼器类别较全，有炊器、食器、酒器、水器等，多成对或成组。有"妇好"铭文的鸮尊、盉、小方鼎，"后母辛"铭文的有大方鼎、四足觥。它们造型新颖别致、美观，花纹繁缛。

妇好墓的随葬铜器反映了当时高超的金属冶炼水平。它们不仅是精美的艺术品，而且是商王朝礼制的体现，是研究殷代礼制的重要资料。

早期的铜矿冶炼技术

在自然界中铜主要以硫化铜存在，主要是辉铜矿、黄铜矿和斑铜矿，此外还有孔雀石。

对于这些铜矿的冶炼，我国先民摸索出了一套技术。我国早期的铜矿冶炼技术，从单一的硫化铜冶炼逐渐向加锡、铅、砷等的共生硫化矿冶炼过渡，期间在炼炉设计、原矿氧化规律的认识等方面有许多创建。

我国是世界上发现和利用铜矿最早的国家之一，早在奴隶社会，湖北铜绿山就能炼铜并大量开采。

相传自从女娲创造了人类，她就一心为人类着想。

一天，天空突然塌下了一大块，露出一个黑黑的大窟窿在喷火。人们都身处危机，救命要紧！

女娲连忙将人们从火海里拖出来，从洪水中拉出来。

人们得救了，可天上的大窟窿还在喷火，女娲决定冒险补天。她拎着一个布袋，来到中凰山上寻找五彩石。历尽千辛万苦，终于将五彩石找到了。

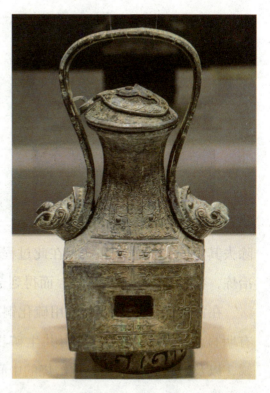

五彩石找齐了，女娲拿着大铲子，在地上挖了一个大大的圆坑，将布袋里的五彩石倒进圆坑里，用神火进行冶炼。

当时已是午夜，女娲的上下眼皮都打架了，她也不肯睡觉，她只想着尽早补好天空，于是，就守着大圆坑，原地打了一个盹儿，又继续冶炼了。

就这样，女娲在中凰山里经过七七四十九天，五彩石终于化成了稠稠的液体，最后变成了一块五彩斑斓的石头。

女娲把五彩石带到天边，对准那个大黑窟窿，奋力填补进去。只见金光四射，天空中马上出现了星星、月亮和彩虹。

塌下的天空补好了，从此，大地上到处欢歌笑语，人们过上了快乐幸福的生活。

女娲补天虽是神话，但它和金属冶炼确实能产生共鸣。在这里把女娲誉为冶金女神也不为过，因为我国古代冶金技术就是从冶炼石头开始的。

古代冶金技术始于炼铜。铜矿冶炼工艺一般至少要分两步走，首先得通过氧化焙烧，除去其中的一部分硫和铁，在此过程中会生成冰铜；第二步则是冰铜冶炼，在竖炉中以木炭焙烧，而得到金属粗铜。

在古代的技术条件下，用硫化铜所冶炼出的金属铜中，往往会含有明显量的铁和硫，还有由共生矿物引入的砷、铅、锡、锌、银、锑，以及残余的冰铜和氧化焙烧的中间产物等元素。

冶炼硫化矿大约在春秋时期，当时个别地区的冶炼技术已经进步到这个阶段。如对内蒙古自治区昭乌达盟赤峰市林西县大井古矿冶遗址的发掘和研究表明，它属于夏家店上层文化，相当于春秋早期。

在该遗址，当年的工匠曾用石质工具较大规模地开采了铜、锡、砷共生硫化矿石，矿石经焙烧后直接还原熔炼出了含锡、砷的金属铜合金。

该遗址在赤峰市林西县官地乡，铜矿区的矿石主要类型为含锡石、毒砂的黄铁矿黄铜矿，少量为黄锡矿。遗址发掘中出土了多座炼炉以及炉渣、炉壁、矿石，对当时的冶炼技术提供了相当丰富的实物资料。

在炼区发现有4座多孔窑式炼炉和8座椭圆形炼炉。多孔窑式炼炉是焙烧炉，距采矿坑很近。采集到的炉渣中发现有白冰铜的颗粒，由此可以推测焙烧过程。

首先在山坡较平坦处挖一个直径约为2米的炉坑，坑内先铺一层木炭，其上堆放矿石，再以草拌泥将矿石堆封起来，目的是减少热量损失。在封泥上留有若干圆形排烟孔和鼓风口。

点燃木炭并鼓风入内后，焙烧反应即开始进行。由于焙烧反应是放热反应，因此当矿石热到起火温度后就无需再补充燃料，焙烧反应便可持续下去。

椭圆形炼炉是还原熔炼炉，有拱形炉门，以排放铜液和炼渣。炼炉周围发现有炼渣、木炭，表明木炭是作为燃料和还原剂的。这是我国迄今发现的最早的开采、冶炼硫铜矿的遗址。

在所有的硫化铜矿藏中，孔雀石由于颜色醒目，容易识别，又属于氧化型矿，冶炼简便，它被碳还原只需800度左右，所以很早就被利用。

但孔雀石这种矿物在地壳中储量较少，因为它是易溶硫酸铜与碳酸盐矿物相互作用的产物，所以一般只存在于含铜硫化物矿床的氧化带中，虽处于地表，容易采掘，但矿层一般较浅，采集难以持久。

随着人们对锡石或铅矿石的识别，冶炼铜的技术逐渐向加锡石或方铅矿的方向演进。

在夏代、商代早期

及中期，青铜器的化学组成是杂乱无章的，铅、锡的含量也较低，这表明当时很可能是以红铜或孔雀石与锡矿砂或方铅矿合炼青铜。

虽然在新石器时期晚期和夏代，黄河流域的许多地区开始推广冶铜工艺，但是那时只能生产锥、环、管、镞等小件铜器，它们显然不能对生产有多大的促进作用。

至商代，青铜冶铸技术有长足的进步，并开始铸造较大型的青铜器件，首先是铸造代表权力象征的礼器。

在对已出土的青铜文化鼎盛时期的商代青铜器进行化学分析，将它们分为两类。一类是铜锡二元合金，其中含铅小于2％；另一类是铜锡铅三元合金，即含铅大于2％。

在铜锡二元合金中，铜和锡的比例大都接近4比1。而在铜锡铅三元合金中，铜与锡铅含量和之比也维系在4比1。锡与铅之间似乎没有明显的比例关系。

由此可以推测，当时的青铜冶炼已有一定的配方，但是工匠们对铜锡或铜锡铅之比与青铜性能的关系仅有肤浅的经验认识，即认识到青铜比红铜实用，因而自觉地冶炼青铜。

同时，铜锡之比与铜锡铅之比基本相同，表明当时的人们尚不能区分锡与铅，它们都是银白色的金属。至战国末年，人们已经能够清楚地认识到铜和锡的性质在冶炼前后所发生的变化。

最能反映战国末年人们对青铜之中铜与锡铅之间合理配比的认识的文献，当数《周礼·考工记》的"六齐"规律。所谓"六齐"即配制青铜的6种方剂。

"六齐"规律是位于黄河下游的齐国的冶金工匠们关于冶铸青铜合金时铜锡配比的经验总结。比如在冶炼熔铸过程中，对不同火候的辨认与掌握，《考工记》有详细记载：

> 凡铸金之状，金与锡黑浊之气竭，黄白次之；黄白之气竭，青白次之；青白之气竭，青气次之，然后可铸也。

这段记录是说在铜和锡熔化过程中，先产生黑浊的气体，随着温度升高，先后产生黄白、青白和青色气体，到此即可浇铸了。

这一记录是符合科学的，因为在物质加热时，由于蒸发、分解、化合等作用而生成不同颜色的气体。开始加热时，铜料附着的碳氢化合物燃烧而产生黑浊之气。

《考工记》中的"六齐"规律，记录了当时青铜冶铸的实践经验，这是我国也是世界上最早、最有历史价值的关于合金配比的科学文献。

拓展阅读

春秋战国时期齐国冶金业发达。《国语·齐语》记载着管仲向齐桓公提出的以甲兵赎罪的建议："美金以铸剑戟，试诸狗马；恶金以铸鉏、夷、斤，试诸壤土。"

意思是说，用青铜铸造兵器，试在狗马身上；用铁铸造生产工具，用来耕种土地。

"美金"是指青铜，"恶金"是指铁。管仲认为，铁在未能锻成钢之前，品质赶不上青铜，故有美恶之分。他的这个建议施行后，齐国生产了大批铜和铁，国力日盛，为最终位列春秋霸主和战国七雄奠定了基础。

首创的胆水炼铜法

在我国的冶铜史上，除了用火炼铜的方法以外，还有一种独创的"胆水炼铜法"，曾经盛行于两宋时期。

这种方法的原理就是利用化学性质较活泼的金属铁从含铜离子的溶液中将铜置换出来，再经冶炼，制得铜锭。所利用的原料是天然的胆水。

宋哲宗元祐时期，有一位商人毛遂自荐，向朝廷献出他认为的秘法胆铜法。当时，苏辙任户部侍郎，听说一个商人能以胆矾点铁为铜，就接见了他。

苏辙对他说："你说你能用秘法炼铜，现在如果试之于官，必然为大家所知道，你不能自己炼铜，就会求他人帮助。这样一来，人人知之，就不再是什么秘密，这正是朝廷所禁止的。我身为户部侍郎，假如以身乱法，显然是不可以的。"

商人不太情愿地走了，随即又到地方都省去说这件事。结果都省也不认可。

这个故事说明，胆铜法最初还不被北宋朝廷认可。当时胆铜生产还被称为"秘法"，仍旧是民间私下进行的小范围生产。至北宋末年，这一方法被认可和推行，成为生产铜的重要途径之一。

事实上，胆铜法从最初发明到被认可，经历了一个很长的时间。

自然界中的硫化铜矿物有一种奇怪的现象：它经大气中氧气的风化氧化，会慢慢生成硫酸铜，古代称为"胆矾"或"石胆"，因为它色蓝如胆。

石胆经雨水的浇淋、溶解后便汇集到泉水中，这种泉水就是所谓的"胆水"。当泉水中的硫酸铜浓度足够大时，便可取来，投入铁片，取得金属铜，所以也叫"浸铜法"。

这种方法的采用以我国为最早，在世界化学史上是一项重大的发明，可谓现代水法冶金的先声。

对于这一化学变化的观察和认识，早在西汉淮南王刘安所主撰的《淮南万毕术》中，就提到了"白青得铁，即化为铜"。"白青"就是孔雀石类矿物，化学组成是碱式碳酸铜。

至东汉时期编纂成书的《神农本草经》也记载："石胆……能化铁为铜。"这一"奇特"现象此后便受到历代金丹家的注意。

东晋时期炼丹家葛洪在其所著《抱朴子·内篇·黄白》中提到："以曾青涂铁，铁赤色如铜……而皆外变而内不化也。""曾青"大概是蓝铜矿石，也有人认为就是石胆。葛洪对这个化学变化的观察便又深入了一步。

南北朝时期陶弘景在其《本草经集注》中又指出："鸡屎矾……投苦酒中涂铁，皆做铜色。"

但当时人们对这个化学反应普遍有一个错觉，误以为是铁接触到这些含铜物质后会转变为金属铜，因此在金丹家们的心目中，这些物质就成了"点铁成金"的点化药剂了。

唐代金丹家们把这种"点化"的铜美其名曰"红银"，在炼丹术中正式出现了浸铜法。唐明皇时的内丹家刘知古曾上《日月玄

枢论》，其中便说道："或以诸青、诸矾、诸绿、诸灰结水银以为红银。"

这种"以诸青结水银以为红银"的方法在唐代后期炼丹家金陵子所撰炼丹术专著《龙虎还丹诀》中有翔实的记载，他曾利用了15种不同的含铜物质炼制"红银"，其中"结石胆砂子法"的操作要领如下：

将水银及少量水放在铁制平底锅中加热，至水微沸，投入胆矾，于是铁锅底便将硫酸铜中的铜取代出来，而在搅拌下生成的铜便与水银生成铜汞齐，而使铁锅底重新裸露出铁表面，得以使置换反应持续进行下去。当生成的铜足够多时，铜汞齐便会凝固而成砂粒状，被称为"红银砂子"。将"砂子"取出，置于炼丹炉中加热，蒸出水银，就得到红银了。

至五代时，这种浸铜法发展成为一种生产铜的方法，当时有一本书《宝藏畅微论》中说道："铁铜，以苦胆水浸至生赤煤，熬炼而成黑坚。"

至北宋初年，首先是在民间出现了规模相当宏大的胆水冶铜工场。胆铜法不再作为朝廷所禁的秘法而得到推广始于张潜。当时在江西饶州府有一位生产胆铜的技术能手，名叫张潜，总结了这种经验，写成《浸铜要略》一书。

这部书对宋代胆铜业的兴起、发展曾产生了巨大的促进作用，可惜它已失传。后来张潜的后人张理于元代献此书于朝廷，并被授理为场官。所以至迟在元祐年间那里已经试行浸铜法生产，大概已有了小型的作坊了。

随着民间胆水冶铜工场的增多，浸铜法在宋徽宗崇宁年间达到高峰。据《宋会要辑稿·食货三四之二五》记载，宋徽宗时负责江南炼钢业的官员游经曾统计当时胆水浸铜的地区，主要有11处。而规模较大，生产持久的是信州铅山、饶州德兴和韶州岑水3处。

关于宋代的浸铜工艺，历代也有一些记载，表明各铜场因地制宜，各有创新，并不断在改进。如明代谈迁所撰《枣林杂俎》、清代初期顾祖禹独撰的一部巨型历史地理著作《读史方舆纪要》等都有这方面的记录。

据南宋人张端义的《贵耳集》记载，乾道年间韶州岑水场每年用百万斤铁，浸得20万斤铜，即每斤铜需耗铁5斤，与饶州、信州相比，要超出一倍了。不过这时岑水场已是采用另一种方法"淋铜法"了。

除了浸铜法以外，1102年还提出了煎铜法。由于浸铜法需依赖胆泉，在天旱之年无法生产，所以才发展出煎铜法，即所谓"水有限，土无穷"。

胆土当是开采铜矿时的碎矿渣及硫铜贫矿经风化氧化后而变成的硫酸铜与土质的混合物，为取得胆土，则先开采硫铜贫矿，堆积起来，使之风化氧化，然后再置于盆中，用水浸出胆水，再浸渍铁片。

当然，在经开采过的老铜矿区，想必也常可直接掘到这类胆土。

据《宋会要辑稿·食货》记载，"韶州岑水场措置创兴是法"，后来那里"增置淋铜盆槽40所，得铜20000斤"。据此可估算出每所盆槽平均年产铜500斤左右。

胆铜在南宋时期主要用来铸币。从南宋钱币的检测来看，其中含铁量高达1%以上，较北宋时期铜钱中含铁高出一二十倍，说明胆铜质量是不高的。

至南宋后期，胆水浸铜便完全没落了。在元代时，据《元史·顺帝本纪》记载，1352年曾恢复饶州德兴3处的胆铜生产，但此后的胆铜生产始终规模不大。总而言之，宋代兴起的胆铜生产，部分地弥补了矿铜生产衰落对铸钱生产和财政收支活动的冲击，使我国古代采矿业在传统的生产方法之外又开辟出一条新的途径。

古代劳动人民总结出来的胆铜生产原理，是我国对世界冶金技术的一项伟大贡献，在冶金史上、化学发展史上都占有重要的地位。

拓展阅读

胆水浸铜与胆土淋铜两种方法的原理是相同的，都是用胆矾水浸泡铁片置换出胆铜，只是胆水浸铜是指直接将天然胆水引入人工建造的沟槽中，浸泡铁片；而胆土淋铜则要先采挖含有胆矾的土壤，用水灌浸，使胆矾溶入水中，产生胆水，再用人工盛舀胆水淋浸铁片置换出胆铜。

这两种方法，各有长处与不足。因此，在胆水浸铜法推行后，宋代朝廷又先后在韶州岑水场、潭州永兴场、信州铅山场等处推行了胆土淋铜法，最大限度地提高产铜数量。

炼铁炼钢中的化学工艺

　　我国古代工匠们在冶炼过程中不断有独特的创造，通过退火、正火、淬火、化学热处理等工艺，炼出了炒钢、百炼钢、灌钢等品种。我国古代炼铁、炼钢技术虽然起步相对稍晚，但是它的发展却是后来居上。例如商代熔铸司母戊方鼎这样的大型铸件，必须要有较大的熔炉、鼓风器和较高的炉温。

　　司母戊方鼎是我国商代青铜器的代表作，为一次铸造成功，标志着商代青铜器铸造技术的水平。被推为"世界出土青铜器之冠"。

春秋战国时期列国纷争，楚王听说铸剑师欧冶子的大名，为了在纷争中获胜，就叫他制造宝剑。

欧冶子走遍江南名山大川，寻觅能够出铁英、寒泉和亮石的地方，因为只有这3样东西都具备了，才能铸制出利剑来。

欧冶子来到了龙泉的秦溪山旁，发现在两棵千年松树下面有7口井，排列如北斗，明净如琉璃，冷澈入骨髓，实乃上等寒泉。于是，在这里凿池储水，即成剑池。

欧冶子又在茨山下采得铁英，拿来炼铁铸剑，就以这池里的水淬火，铸成剑坯。由于没有好的亮石可以磨剑，欧冶子又爬山越水，千寻万觅，终于在秦溪山附近一个山旮里，找到亮石坑。

欧冶子发觉坑里有丝丝寒气，阴森逼人，知道其中必有异物。于是焚香沐浴，素斋3天，然后跳入坑洞，找到一块坚利的亮石，用这儿的水慢慢磨制宝剑。

经两年之久，终于铸剑3把：第一把叫"龙渊"；第二把叫"泰阿"；第三把叫"工布"。

这些宝剑弯转起来，围在腰间，简直似腰带一般，若乎一松，剑身即弹开，笔挺笔直。若向上空抛一方手帕，从宝剑锋口徐徐落下，手帕即分为二。斩铜剁铁，就似削泥去土。之所以如此，皆因取此铁英炼铁铸剑，取这池水淬火，取这山石磨剑之故。

欧冶子铸成宝剑，是和他的冶金技术分不开的。其实先民在此之前的商代中期，就已经对铁有所认识，而且已能够进行锻打加工并与青铜铸接成器。

商代高度发达的青铜冶铸技术，使它从矿石、燃料、筑炉、熔炼、鼓风和范铸技术等各个方面，为人工炼铁技术的出现创造了条件。

至春秋战国时期，人工冶炼的铁有块炼铁和生铁两种。一般认为，最初的炼铁技术，大多采用块炼铁。块炼铁方法是将铁矿石和木炭一层夹一层地放在炼炉中，点火焙烧，在650度至1000度温度下，利用炭的不完全燃烧产生一氧化碳，遂使铁矿中的氧化铁还原成铁。

至春秋中后期，我国的炼铁技术已经达到较高的水平。在熟练地掌握了块炼法炼铁后，我国又在世界上最早发明了生铁冶铸技术。

据《左传·昭公二十九年》记载，公元前513年，晋国铸造了一个铁质刑鼎，把范宣子所制定的《刑书》铸在上面。铸刑鼎的铁是作为军赋向民间征收来的，这说明最迟春秋末期出现了民间炼铁作坊，而且已较好地掌握了生铁的冶

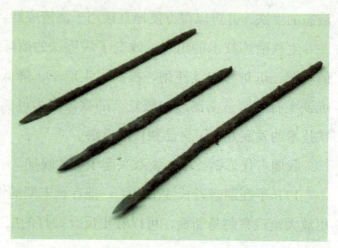

铸技术。

在生铁冶炼过程中，炉温较高，被还原生成的固态铁会吸收碳、硫和磷，这种吸收随着温度的升高，速度就会加快；另一方面，铁吸收碳后，熔点随之降低，当含碳量达到2.0%时，熔点降至1380度，当含碳量达到4.3%时，熔点最低，仅1146度。

所以，当炉温至1200度时，就完全能使铁充分熔化，从而得到了液态的生铁，并可以很方便地直接用于浇铸成器。

生铁冶炼技术的出现，改变了块炼铁的冶炼与加工都较费工费时的状况，炼炉可连续使用，提高了生产率，降低了成本，使得大量提炼铁矿石和铸造出器形比较复杂的铁器成为可能。这就为我国古代炼铁技术的发展开拓了自己独特的道路。

我国古代炼钢技术，大致兴起于春秋晚期。

1976年在湖南省长沙出土了一把春秋末期的钢剑，通长38.4厘米。用放大镜观察剑身断面，可以看出反复锻打的层次，中部可以看出7至

9层的叠打层。

离剑锋约8厘米处取样分析，金相组织为含有球状碳化铁的铁素体组织，组织较均匀，铁素体晶粒平均直径为0.003毫米。由碳化物的数量估计，原件系含碳量为0.5%左右的退火中碳钢。

春秋战国时期的炼钢技术有两种：一种是把块炼铁直接放在炽热的木炭中长期加热，表面渗碳，再经反复锻打，使之成为渗碳钢。

另一种是把块炼铁配合渗碳剂和催化剂，密封加热，使之渗碳成钢，俗称"焖钢"。这是我国流传很久的一种炼钢方法。

此外，长期流传在河南、湖北、江苏等地的"焖钢"冶炼法，把熟铁块放在陶制或铁制容器中，除了按一定配方加入渗碳剂以外，还使用含有磷质的骨粉作为主要催化剂，然后密封加热，使之渗碳成为钢材。

从已经出土的古代钢制品的金相考察结果来看，我国最迟在战国晚期已广泛使用淬火工艺。

河北省易县燕下都墓出土的战国锻钢件大都经过淬火处理，如长钢剑、钢戟和矛，就是把薄钢片经过反复折叠锻打成型之后，再经过淬火的。

这说明当时除淬火工艺之外，还掌握了正火工艺，已能依据不同的需求，对钢材进行不同的热处理，以改善其机械性能。

块炼铁质地较差，

产量低，而且需毁炉取铁，作为钢制工具和兵器的铁料来源，显然难以适应日益增长的要求。于是，以生铁为原料的固体脱碳制钢技术便应运而生。

在铸铁脱碳热处理的长期实践中，我国古代冶铁匠逐渐懂得了生铁经过适当的处理可以变性甚至变得和块炼铁一样柔软，由此导致最迟西汉后期，我国又发明了用生铁炒炼成钢或熟铁的新技术。

生铁炒炼成钢就是用生铁加热到熔化或基本熔化的状态下加以炒炼，使之脱碳而成钢或熟铁。这种技术，不妨称为"炒钢技术"或"炒铁技术"。用生铁炒炼而得的钢材即称为"炒钢"。

考古工作者在河南省巩县铁生沟汉代冶铁遗址发现有西汉后期炒钢炉一座。其上部已毁损，炉体很小，建造也很简单，从地面向下挖成"缶底"状坑作为炉膛，然后在炉膛内边涂一层耐火泥。

其工艺程序是先将生铁捶成碎片，和木炭一起放入经预热的炉膛内。风从上方鼓入，由于缶形的地下炉膛容积小，热量集中，有利于提高温度。

当生铁加热到熔融或半熔融状态时，通过搅拌，增加铁和氧气的接触面，可使铁中的碳氧化，温度随之升高。硅、锰等氧化后与氧化铁生成硅酸盐夹杂。随着含碳量降低，铁的熔点增高，因而逐渐固化。

如果半固态下继续搅拌，借助空气中的氧把所含的碳再氧化掉，就可以成为低碳熟铁。也可以在它不完全脱碳时，控制所需要的含碳量，终止炒炼过程，就可以成为中碳钢或高碳钢。

这种钢由于含碳量较高，氧化程度较低，与低碳熟铁相比，所含的夹杂物较少，经过反复锻打，便可以得到组织比较均匀的炒钢。

炒钢的发明不仅是炼钢史上一次技术革命，对于我国早期铁器时代向完全铁器时代的转变具有关键的意义，对当时我国的农业和手工业的进一步发展同样具有重要意义。

百炼钢工艺是在春秋晚期块炼渗碳钢工艺的基础上直接发展起来的。在用块炼铁渗碳制钢的实践中，人们发现加热锻打的次数增多以后，钢件变得更坚韧了，于是很自然地把这种反复加热锻打的操作定为正式工序。

这道工艺可以使钢的组织致密、成分均匀化、夹杂物减少和细化，从而显著提高钢的质量。

西汉后期，由于炒钢的发明，百炼钢工艺改以熟铁或炒钢为原料，并且增加加热锻打次数使得百炼钢技术发展至成熟阶段。

用炒钢或熟铁制成的百炼钢，其质量是相当高的。这种百炼钢技术在我国历史上也曾长期使用，锻造技术也不断提高。

用生铁炒炼成钢，所用火候和保留的含碳量是比较难掌握的，如果炒炼"过火"，含碳量过低，就不能炼成具有一定含碳量的钢而成熟铁。因此遇到炒炼"过火"时，重新加入一些生铁来补救是自然的。这样，在炒钢的实践过程中，我国古代冶炼工匠就逐渐掌握"杂炼生柔"的炼钢规律，从而创造了一种新的独特的工艺灌钢法。

这种炼钢法是先把生铁和熟铁按一定比例配合，共同加热至生铁熔化而灌入熟铁中去，熟铁由于生铁浸入而增碳。

只要配好生铁和熟铁的比例，就能比较准确地控制钢中含碳量，再经过反复锻打，使组织均匀和挤出夹杂物，就可以得到质地均匀的钢材。

这种方法可能起源于汉代，至迟在南北朝时期已经盛行了。由于这种方法比较容易掌握，工效提高较大，因此南北朝时期成为主要的炼钢方法之一。

拓展阅读

1979年在河南省洛阳吉利区一座汉墓中，出土坩埚11个，内外壁均烧流，属于铸态钢。这是迄今所知的我国古代第一块铸态钢。

这种坩埚是由木炭或煤炭与黏土组成的，含碳量较高，有利于提高材料耐火度和化学稳定性，其耐火度为1580度至1610度。

研究者认为，这种古代坩埚炼钢技术，可能保存在现存的山西坩埚炼铁工艺中。古代世界大部分地区的制钢工艺均属固态、半液态冶炼，而我国东汉时期就能冶炼铸钢，这是古代世界罕见的工艺。

炼丹制药

我国古代金丹家们为了研究金石药，不辞辛苦，甘冒风险，长年累月置身于被毒气、烟尘笼罩的简陋的"化学实验室"中，应该说是第一批专心致志地探索化学科学奥秘的"化学家"。他们为化学学科的建立积累了相当丰富的经验教训。

金丹家们制造出很多化学药剂，其中很多都是今天常用的酸、碱和盐。还创造了许多技术名词，写下了许多著作。正是这些理论、化学实验方法及炼丹、炼金著作，开挖了化学这门科学的先河。

黄白术中的化学成就

黄白术，即炼金术、外丹术，以人工制造声称服后不死成仙的丹药为主。企图通过药物的点化，变普通金属为"药金"或"药银"。

千百年来，我国古代金丹家虽然没有实现变普通金属为贵金属的设想，但经长期的实践，却对古代冶金学、合金学作出了贡献，被称为"现代化学的先驱"。

武功盖世的神射手大羿有一次率众徒外出狩猎，把爱妻嫦娥独自留在家中。大羿的徒弟逢蒙早就觊觎大羿的长生不老药，于是就在大羿出猎时心怀鬼胎地假装生病，留了下来。

大羿率众人走后不久，逢蒙手持宝剑闯入内宅后院，威逼嫦娥交出长生不老药。嫦娥被逢蒙逼得没有办法，只好在紧要关头取出长生不老药一口吞了进去。

没想到刚刚吞下丹药，身体就飘然而起，飞落到离人间最近的月亮上成了仙。

大羿得知嫦娥吞药飞月后无比心痛，于是对着皎洁的月光，摆上香案，放上嫦娥平时最爱吃的蜜食鲜果，遥祭在月宫里眷恋着自己的嫦娥。据说中秋节拜月的风俗就是由此而来。

嫦娥吞服的所谓长生不老药，是古代金丹家经过无数实验炼成的"仙药"。据说人食后就可以"长生不老"。其实这是没有科学根据的，不过古代金丹家为求长生而进行的实验，在化学领域有许多创建倒是真的。

事实上，古代无数的金丹家在毒气熏蒸的丹炉旁耗尽了生命，他们进行了大量实验，积累了大量科学素材，客观上对化学、冶金学、矿物学、医药学及生理学都作出了重大的贡献。

在古代技术条件下，金丹家们企图转变铜、铅、锡、汞为黄金、

白银的尝试，当然不可避免地要遭到失败，但他们却制取到了一系列黄色和银白色的金属，他们称之为"药金"、"药银"，从而对古代合金化学作出了贡献。

我国古代的铜砷合金是方士在试炼人造金银的过程中发明的，时间大致在西汉初年。

西汉淮南王刘安主撰的《淮南子》中就有"淮南王饵丹阳之伪金"之说。丹阳郡是当时产"善铜"的著名地区，所谓"丹阳之伪金"当是以丹阳所产之精铜经点化而成的黄色药金。

东汉方士狐刚子在其所撰《五金粉图诀》中着重讨论的"三黄相入之道"，就是指用雄雌黄和砒黄使五金转化为药金、药银的方术。

南朝齐梁时期的医药炼丹大师陶弘景在他汇编的《名医别录》中已说及"雄黄得铜可作金"，他又补充说："以铜为金亦出黄白术中。"

以雄黄点铜所成之金，当为含砷量少的铜砷合金，故呈黄色。后来由于点化技术提高或点化药的改进，才进一步出现了点化砷白铜的技艺。

隋代方士苏元明所撰《宝藏论》中就制取砷黄铜和砷白铜做了经验总结。其大意是用草灰与雄黄、雌黄、砒霜一起加热，便可生成不易挥发的砷酸钾，便可熔化了。它若与铜末、木炭一起加热熔化，便可生成黄色的或白色的铜砷合金，很像黄金和白银。

在《宝藏论》中还记载：当时假金有15种，其中有雄黄金、雌黄金；假银17种，其中有雄黄银、雌黄银、砒霜银等。

苏元明是隋代著名的炼丹家，也曾经学道于茅山，自己宣称得司命大茅君真秘。可见，以含砷矿物点铜为金、银的方术从西汉时期的三茅君到隋代的青霞子是一脉相承的。

大约从南北朝时期以后，金丹家已经意识到利用砒霜较"三黄"更易点化出白铜，这是砷白铜炼制史上的一项宝贵经验和重大进步。

用砒霜点化白铜的技术在唐肃宗乾元年间金陵子著述的《龙虎还丹诀》中有极为翔实的记载，从中可以看出，这种技艺在那时就已达到相当成熟的阶段了，在点化过程中，以前那些不必要的药物已经被淘汰了。

该丹经卷上中有"点丹阳方"，所谓"丹阳"就是"丹阳银"，即当时炼丹术中对砷白铜的称呼。其制法是先将砒黄、雌黄等加工制成升华的束丝状砒霜，金陵子称之为"卧炉霜"，再用它点化丹阳铜。并对应予注意、警惕的要点作了交代。

至元明时期，这种以药点化的"白银"便逐渐为常人所知，在博物类、本草类的著述中便经常有所提及，并称之为"白铜"。

我国的一些古书

中记载有锎石、锎铜，明清时期文献中记载的黄铜，炼丹术著述中常提到的波斯锎，它们无疑都是铜锌合金，色泽金黄，酷似上等黄金。

无论炼制锎铜的技艺是我国先民独立发明的，还是由波斯国或印度传入的，其在我国的发展，应首先归功于炼丹师的劳动，而且很可能是他们最先掌握了其点化技艺。

我国黄白术中不仅有"锎石金"，还有所谓"锎石银"者，《宝藏论》中已有记载。当然，若以锎铜代替赤铜，经点化而成的银白色金属，可以有多种配方。水银与很多金属都很容易生成固体合金，当这些汞齐中水银比例加大时，便逐渐转变为银白色，而呈现出银子的外貌。

在这类药银中，首先应提到锡汞齐，可称之为"白锡银"，其制作很简便。但白锡银中最有实用价值的则是在唐代发展起来的"银膏"。在《唐本草馀》中有所记载："银膏，其法用白锡和银箔及水银合成之，凝硬如银，合炼有法。"

这种银膏在唐代时就用于补牙，并一直沿用至近世。但此白锡银似不属于黄白术，因为它的炼制仍需取用真白银。汞齐银中以铅汞为基础的药银也相当普遍，可称为"黑铅银"。此类丹方最早见于东晋时期成书的《神仙养生秘术》中。这种药银在历代都很流行。

古代黄白术里还有所谓"朱砂银"者，其金属成分其实也是铅汞合金。明代人宋应星《天工开物》则有较明晰的记载。

在汞齐药银中还有一类合金，是金丹家们把含铜的石胆、曾青、白青等放在铁釜中，加水及水银共煮而得到的。所以这种药银可能就是《宝藏论》中所列举的胆矾银、土绿银了。

古代的药金并非都是一些合金物质，也有一些是某种金黄色化合物的结晶粉末，特别是那些作为长生药的药金，丹师们往往只看重、追求其金黄的颜色，而不强调其坚硬性和金属光泽。

丹师们认为，"药金"乃诸药及黄金之精华，非黄金本身可比，所以晶亮的金黄色粉末反而要更加接近他们的想象，而且也更容易制成黄赤如水的金液，以便于冲服。

除了以上几个方面的成就外，古代金丹家还发明了火药，在本草、冶金、陶瓷、玻璃、酿造等许多领域都曾作出过一定的贡献。

拓展阅读

魏伯阳有3个弟子。据说有一次大丹炼成，他想考验弟子们用心诚否，就先拿出一粒丹药喂了白狗，白狗吃完就死了。他又拿出一粒丹药自己吞服，也倒地而死。

其中一位弟子深知师父不骗人，也吞服一粒，倒地而死。另两位弟子一看，就卷起包裹下山而去。两人走后，魏伯阳方起身拿出真的丹药，给弟子和白狗服下，于是一同成仙。

魏伯阳一行在山路上遇到一位樵夫，就托他捎信给故乡的亲人。那两位弟子后来见到了这封信，捶胸跺足，后悔不迭。

冶金性质的火法炼丹

　　火法炼丹是我国古代炼丹的方法之一，是指带有冶金性质的无水加热法。大致包括高温加热、干燥物质的加热、局部烘烤、熔化、蒸馏、加热使药物变性等方法。

　　利用火法，金丹家观察到了水银的各种形态和性质，以及水银与多种金属的合金。

　　西晋人葛洪是炼丹的著名人物。自幼家里贫困，但勤奋好学，先学儒术，后好神仙养生之术。著有《抱朴子》一书，除讲神仙外，对炼丹论述颇多。

　　传说葛洪在罗浮山和南海丹灶先后炼丹，有两次到广东佛山的葛岸村为老百姓治病。葛洪是道家，讲究的是和谐，听到这些声音，为了不引起误会，在一个月黑风高的夜晚，他决定离开。

　　葛洪走后，村民发现，他从葛岸到罗浮山留下3个脚印：一个在葛岸村北堤围；一个在西樵山下；另一个就在罗浮山上。村民都感到很吃惊，因此把葛洪当成了神仙。

　　葛洪是东晋时期道教学者、著名炼丹家和医药学家。炼丹术最早的研究材料是丹砂，就是红色硫化汞，这种研究用的就是火法。

　　丹砂一经加热就会分解出水银，水银和硫黄化合生成黑色硫化汞，再加热使它升华，就又恢复原状。所生成的水银，是金属物质却呈液体状态，圆转流动，容易挥发，显得和寻常物质不同。

　　所有这些现象都使古人感到神奇，因此金丹家一直想利用这些物质制成具有神奇效用的"还丹"，又称"神丹"。《抱朴子·金丹篇》记载："神丹既成，不但长生，又可以做黄金。"就是说，这种

"神丹"是兼有使人"长生"和"点铁成金"作用的万应灵丹。

古代金丹家为了炼丹，把汞的实验做了又做，所以他们对这种变化很熟悉。东汉时期魏伯阳的《周易参同契》很生动地描写了水银容易挥发、容易和硫黄化合的特性，并且讲到在丹鼎中升华后"赫然还为丹"的过程。葛洪的《抱朴子·金丹篇》把这些话总结为一句话："丹砂烧之成水银，积变又还成丹砂。"

至唐代，道教学者陈少微《九还金丹妙诀》所记载的"销汞法"，即用汞和硫黄制丹砂法，已经相当精确细致。汞和硫的分量有一定的比，加热有一定的火候，操作有一定的程序，最后达到"化为紫砂，分毫无欠"的结果。这样的方法，和近代化学相比可说已经差不太远。

红色硫化汞有天然和人造的两种，天然产的就叫"丹砂"，人造的叫"银朱"或"灵砂"。人造红色硫化汞是人类最早用化学合成法制成的产品之一，这是炼丹术在化学上的一大成就。由于金丹家从很早的时代起便研究水银的变化，他们对水银的其他化合物也是有研究的。

例如，唐人炼丹著作《太清石壁记》有"造水银霜法"：先把水银和锡以不同温度分别加热，使成锡汞齐，然后捣碎加盐，和以氯化镁、粗石膏或含铁粗石膏，用硫酸钠覆在上面，加热7昼夜。

汞和氯化钠、硫酸钠共热是能生成氯化汞的，氯化汞和多余的汞再起作用，就会生成氯化亚汞。

关于汞和其他金属形成汞齐的作用，古人在炼丹实践中早就注意到了。他们制成的汞合金，除锡汞齐以外，还有金、银、铅等金属的汞齐。

由上可见，古代金丹家研究汞的反应，是为了寻求一种能"点"水银成黄金的"神丹"。在当时的条件下，他们这种想法是不能实现的，但是他们的实践却扩大了人类对自然现象的认识。

金属铅和它的化合物在我国出现很早，我国人民大约在汉代以前就在制造化妆用的胡粉，就是碱式碳酸铅。《周易参同契》记载："胡粉投火中，色坏还为铅。"这种变化引起了金丹家的注意，把它当做重要研究对象之一。他们除用铅制造铅汞齐外，还用它制备黄丹，就是四氧化三铅。

比较晚的金丹家对铅的化合物还有许多研究，如唐代的清虚子的《铅汞甲庚至宝集成》中有"造丹法"，用铅、硫、硝3种物质经过熔化和"点醋"等手续，可以制得一种叫作"黄丹胡粉"的粉末。

金丹家认为服用金银矿物等"不败朽"的东西，可以使人的血肉之躯也同样"不败朽"，因此他们不仅要设法服用这些

东西，还要用人工方法炼制药用的金、银。

从汉代的汉武帝刘彻、淮南王刘安开始，许多帝王将相豪门贵族都曾经招用金丹家替他们炼金。这一目的是不可能实现的，但在那时劳动人民在生产经验的基础上，在冶金方面的确有不少发明创造。

葛洪在《抱朴子·黄白篇》中记载，当时许多炼丹书讲的都是炼"金"、"银"的方法，就是所谓"黄白术"。他还提到锡、铅、汞等可以用药物化为金、银，说明晋代金丹家已经能利用各种普通金属制成各种黄色或白色的合金。

南北朝时期陶弘景在《名医别录》中记载，雄黄"得铜可做金"，说明那时金丹家已知利用含砷矿物炼制铜砷合金。这种炼金活动在我国古代曾经盛极一时，直至宋代还没有结束。

金丹家对于硫黄、砒霜等具有"猛毒"的金石药，在使用之前要先用烧的方法"伏"，即驯服一下，使它们失去或减少原有的毒性。这种工艺叫作"伏火"。

伏火的方子都含有碳素，而且伏硫黄要加硝石，伏硝石要加硫黄，可见金丹家是有意使药物容易起火燃烧，以去掉它们的"猛毒"的。

由于经常因给药物"伏火"而引起丹房失火的事故，却使唐代金丹家取得一项重要经验，就是硫、硝、碳3种物质可以构成一种"火药"。

火法炼丹的另一重大成就，是单质砷的制备。葛洪《抱朴子·仙药篇》记载了6种处理雄黄的方法，最后一法是用硝石、玄胴肠，即猪大肠和松脂"三物炼之"。

雄黄和硝石同炼，可收集到三氧化二砷，再先后用含碳的猪大肠和松脂炼两次，就被还原成为纯净的单质砷。这是世界最早的制备单质砷的方法。

拓展阅读

　　孙思邈是唐代炼丹专家。他曾经把硫黄、硝石、皂角放在一起烧的硫黄伏火法，是现存最早的火药配方记录。

　　孙思邈更是个医药学家。他认为"人命至重，有贵千金"。为了向群众普及医学知识，他写成了《备急千金要方》和《千金翼方》各30卷，成为中医学史上极有实用价值的医学实用手册。

　　由于他一生刻苦钻研医学，注重实践，受到人民的尊敬，被后世尊称为"药王"，将他隐居过的五台山称为药王山，并建了药王庙。

化学实验的水法炼丹

水法炼丹是我国古代炼丹的方法之一。大致包括溶解和溶化、水中加热、水中长时间高温加热、低温加热、静置于潮气或碳酸气中、以少量药剂使大量物质发生变化等手段。

通过运用水法的实践，古代金丹家发现了某些化学反应过程，能在水银和一些药物中熔解黄金，从硫酸铜矿石中制取纯铜等。这些都为现代实验化学提供了宝贵的经验。

　　唐代中期有个名叫清虚子的炼丹师，在"伏火矾法"中提出了一个伏火的方子："硫二两，硝二两，马兜铃三钱半。各为末，拌匀。掘坑，入药于罐内与地平。将熟火一块，弹子大，下放里内，烟渐起。"

　　清虚子用马兜铃代替唐代初期孙思邈"伏硫黄法"方子中的皂角。这两种物质都能代替炭起燃烧作用。

　　古代金丹家对于金石药，一方面要把它们炼成固体的丹，另一方面又要把它们溶解成为液体。因此他们在溶解金石药的长期实践中，对水溶液中复杂的化学反应取得了相当丰富的经验性知识。

　　在早期水法炼丹的重要文献《三十六水法》中存有古代金丹家溶解34种矿物和两种非矿物的54个方子。

　　《抱朴子·金丹篇》也记载有许多同类的丹方。这些古方再加上唐宋时期的记载，使我们今天还可以略知古代水法炼丹的大概。

　　水法炼丹处理药物的方法，大约有这样几种：化、淋、封、煮、熬、养、酿、点、浇、渍，以及过滤、再结晶等。

　　化即溶解，有时也指熔化；淋是用水溶解出固体物的一部分；封即封闭反应物质，长期静置或埋于地下；煮即在大量水中加热；熬指的是有水的长时间高温加热；养是长时间低温加热；酿是长时间静置在潮湿或含有碳酸气的空气中；点是用少量药剂使大量物质发生变

化；浇即倾出溶液，让它冷却；渍是用冷水从容器外部降温；过滤是利用介质滤除水中杂质的方法；再结晶是产生无应变的新晶粒。

用水法制备药物，首先要准备华池，就是盛有浓醋的溶解槽，醋中投入硝石和其他药物。

硝石，古书中原作"消石"，因为它能"消七十二种石"，在我国炼丹术中非常重要。它在酸性溶液中提供硝酸根离子，起类似稀硝酸的作用，所以许多金属和矿物都可以被它溶解。

金丹家有意识地在醋酸中加入硝石，是把酸碱反应和氧化还原反应统一起来加以运用。这在化学史上是一种创造，就是在今天也不失为一种有用的方法。

金丹家在华池中溶解金石药，有些反应相当复杂，在近代化学出现之前能使用那样复杂的化学方法，是值得注意的。

对于黄金的溶解，《抱朴子·金丹篇》有"金液方"，用来溶解金的药物除醋、硝石、戎盐等以外，还有一种"玄明龙膏"。据唐人梅彪《石药尔雅》的记载，这一名称可以代表水银，也可以代表醋和覆盆子。

按照《金丹篇》的说法，只要把黄金连同药物封在华池中静置100天，就会慢慢溶解而"成水"。

现代实验化学告诉我们，金的化学性质很不活泼，用一般化学方法是不能使它溶解的。从金液方所用药物来看，生成王水、各种浓酸和氯水是不可能的。

但是如果用的是水银，它是能溶解金的；如果用的是覆盆子，由于未成熟的覆盆子果实中含有氢氰酸，华池的醋浸液中含有氰离子和由其他药物提供的钠、钾离子，只要有空气存在，金也是可以慢慢溶解的。

黄金这样难溶，而金液方中恰巧有能溶解金的水银和覆盆子存在，显然是金丹家经过大量实验以后所得到的结果。

因此，尽管方中药物复杂，有些反应还值得研究，可是它能溶解金这一点是可信的。在那么早的年代出现溶解金的方法，在化学史上也是一项重大成就。

水法炼丹并不是千篇一律都使用醋和硝石，方法是多种多样的。《黄帝九鼎神丹经诀》有制取硫酸钾的方法：

用热水溶化芒硝和硝石，取澄清的混合溶液加热蒸发，使它浓缩，然后在小盆中用冷水从外部降温，经过一宿的时间，溶液中生成的硫酸钾就慢慢结晶出来。

这是利用溶解度不同制取药物的方法，也是化学史上的一项创造。

水法炼丹的另一发现，是水溶液中的金属置换作用。金丹家早有金属互相"转化"的理论，他们为了制作"药金"，梦想找到使某种普通金属转化为黄金、白银的方法，从很早的时代就注意到溶液中金属互相取代的现象，以为那就是金属的"转化"。

南北朝时期的陶弘景把实验扩大到硫酸铜以外，发现碱式碳酸铜或碱式硫酸铜的性质和曾青相似，可以用来制造"熟铜"。

这说明金丹家先后做了很多实验，对金属置换现象作了相当细致的描述。但由于受到时代条件的限制，他们还不能作出正确的解释。

这一发现的重大意义在于，它在后来得到了充分发展，成为湿法冶金胆铜法的起源。

拓展阅读

陶弘景在几十年治学过程中养成了遇到疑难就去调查研究的习惯。

一天，他读到《诗经·小雅·小宛》的"螟蛉有子，蜾蠃负之，教诲尔子，式谷似之"几句，心想：我何不亲自到现场看个究竟呢？于是，陶弘景来到庭院里找到一窝蜾蠃。

经过几次细心的观察，他终于发现，那螟蛉幼虫并非用来变蜾蠃的。而是蜾蠃衔来放在巢里等自己产下卵孵出幼虫时作为"粮食"。蜾蠃不但有雌的，而且有自己的后代。蜾蠃衔螟蛉幼虫做子之谜就这样被他揭穿了。

火药与炼丹制药实践

火药的发明来自于我国古代金丹家们长期的炼丹制药实践。火药的发明和其他发明创造一样，也经历了一个长时间的实践和认识过程，随着生产的发展、社会的进步而逐步完善。

我国古代的火药主要由硝石、硫黄、木炭等化学物质混合加工而成。民间长期流传的"一硝二磺三木炭"就是它的简易配方。因为它呈黑褐色，人们又习惯称它为"黑火药"。

火药是硝酸钾、硫黄、木炭3种粉末的混合物。这种混合物之所以极容易燃烧，是因为硝酸钾是氧化剂，加热的时候释放出氧气。

硫和碳容易被氧化，是常见的还原剂。把它们混合燃烧，氧化还原反应迅猛进行，反应中放出高热和产生大量气体。

假若混合物是包裹在纸、布、皮中或充塞在陶罐、石孔里的，燃烧的时候由于体积突然膨胀，增加至几千倍，就会发生爆炸。这就是黑火药燃烧爆炸的原理。

其实火药的问世，经历了一个漫长的过程。早在春秋晚期，有一个叫计然的人就说过："石流黄出汉中"，"消石出陇道"。

石流黄就是硫黄；消石就是硝石，古时还称"焰硝"、"火硝"、"苦硝"、"地霜"等。可见早在春秋战国时期，木炭、硫黄、硝石已经为人们所熟知。

在我国第一部药材典籍汉代的《神农本草经》里，硝石、硫黄都被列为重要的药材。即使在火药发明之后，火药本身仍被引入药类。

明代著名医药学家李时珍所著的《本草纲目》中，说"火药"能治疮癣、杀虫、辟湿气和瘟疫。火药的名称就是这样获得的。

在长期的金丹制药活动中，一些金丹家吸取了人民在生产、生活中积累的丰富经验，孜孜不倦地从事采药、制药活动，获得了许多物质和物质间化学变化的经验知识。其中对硝石、硫黄等物质的认识和实验探索就成为火药发明的前提。

硝石既有天然的，又能从土硝中提炼，我国很早就已利用硝石了。东汉时期名医张仲景在他所著的《金匮要略》中记有"大黄消石汤"方，治黄疸病。在《神农本草经》中，硝石被列为上品药。

人们还认识到硝石的性质极活泼，它能与许多物质发生作用，丹炉家用制五金八石，银工家用化金银。因此，硝石成为金丹家常使用的物质，对它的认识也随实验而加深。

硫黄也是人们常接触的化学物质。地下温泉水中四溢出的硫黄气味刺激着人们的感官，认识到它对皮肤病有特别的疗效。冶炼中常分解和析出二氧化硫气体，是一种有刺鼻气味的气体，后来又发现它可以被采集。

长期接触和使用硫黄的实践，使人们认为，具有金黄色的硫黄不仅具有一定的治疗作用，特别是它能与水银相化合的本事，备受金丹家的重视。

我国最早一本金丹著作《周易参同契》中描述了硫黄与水银的化学反应，由此硫黄也成为金丹家制炼"金

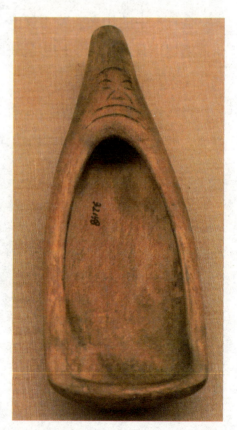

液"、"还丹"的常药。

在我国的金丹术中，金丹家为了变革某些物质的固有性质，经常广泛地采用一种以火来制伏药料的"伏火"的手段。这种"伏火"的手段中充满了丰富的化学内容，包含了我国古代的很多化学成就，直接与火药的发明相关。

金丹术中的伏火实验不仅丰富了对许多物质性质的认识，同时也借此对爆燃现象进行了较多的研究。其中"伏火硫黄法"、"伏火硝石法"为火药的发明奠定了基础。

唐代孙思邈在"伏火"方面的实验可谓影响深远。在《诸家神品丹法》中记载"孙真人丹经内伏硫黄法"：

> 取硫黄、硝石各二两，研成粉末，放在销银锅或砂罐里。掘一地坑，放锅子在坑里和地平，四面都用土填实。把没有被虫蛀过的3个皂角子逐一点着，然后夹入锅里，把硫黄和硝石烧起焰火。等到烧不起焰火了，再拿木炭来炒，炒到木炭消去三分之一，就退火，趁还没有冷却，取出混合物，这就伏火了。

从这一记载可见，当时已经掌握了硝、硫、碳混合点火会发生剧烈反应的特点，因而采取了控制反应速度这一措施，防止爆炸。

历代伏火硝石的方法很多。元代人所撰的《庚道集》对此法有更加详细的记载，其中解释了物质受热分解后产生氧气泡的情景，若没有这种现象，表明已不再发生反应，这就是所谓的"死硝"。

关于如何检验硝石是否完全伏火，《真元妙道要略》中明确指出：伏火硝石的目的是使硝石丧失其助燃性，以避免与其他原料同炼时再发生爆燃等祸事。

此外我国的丹金家还用盐或砒霜等物质来伏火硝石。总之，丹金家对硝石采取伏火的预处理，明确地揭示他们已清楚地认识到硝石常常是与其他物质合炼中发生爆燃的祸首。

经过长期的实践，金丹家已掌握了火药的配方。然而只有将火药的配方真正运用到生产生活，首先是军事上，才能算真正完成了火药的发明。

在火药发明之前，古代军事家常采用火攻这一战术克敌制胜。在当时的火攻中，有一种武器叫"火箭"，它是在箭头上附着像油脂、松香、硫黄之类的易燃物质，点燃后射出去，延烧敌方军械人员和营房。

但是这种"火箭"燃烧慢，火力小，容易扑灭。如果用火药代替一般的易燃物，燃烧比较快，火力也大。所以在唐末宋初人们已经采用火药箭了。这是火药应用于武器的最初形式。

随后又在抛石机的基础上，创造了火炮。火炮就是把火药装成容易发射的形状，点燃引线后，由原来抛射石头的抛石机射出。火药运用在武器上，是武器史上一大进步。

北宋时期曾公亮等编写的军事著作《武经总要》，不仅描述了多种火药武器，还记下了当时的3种火药配方。这些配方同近代黑色火药相接近，具有爆破、燃烧、烟幕等作用。

这世界上最早的火药制造配方，被军事家们制成了火器应用于古代战争，为我国第一批军用火器的发明和制造提供了物质条件。

由于战争的需要，火药的生产被放在了第一位。北宋时期史料中记有"同日出弩火药箭七千支，弓火药箭一万支，蒺藜炮三千支，皮火炮二万支"，清楚地表明了当时火器生产的规模。

至北宋末期，人们创造了"霹雳炮"、"震天雷"等爆炸力比较强的武器。霹雳炮一炸，声如霹雳，杀伤力比较大。

拓展阅读

1273年，元军攻打襄阳，使用一种巨型抛石机，可发射75千克重的石弹。据说这种抛石机是一名叫"亦思马音"的西域人制造的，所以人们称它"襄阳炮"或西域炮"。

据《元史》描述，这种炮"机发时声震天地，所击无不摧毁，入地七尺"。这种炮在炮架上安装铁钩，放炮时，只要把钩拉开，石块立即下坠，将炮梢压下，同时百十千克重的石弹猛然抛出。这种构想，节省人力，使用方便，威力巨大，不能不说是抛石机的一项重大改革。

生活

日用化工及其产品与人们的生活息息相关。我国古代制盐、制糖、酿造、染色、油漆、制革、造纸等工艺，都与化学有着十分密切的关系。由此可见，在人们的日常生活用品中，化学工艺扮演着重要角色。

比如用化学知识来解释酒、醋、酱的酿制，它们的酿造过程，实际上就是一系列很复杂的、通过微生物的活动而完成的生物化学变化过程。而制盐、制糖、制革等也都需要运用化学工艺。总之，我国古代的日用化工及其丰富的产品，在世界上也是独树一帜。

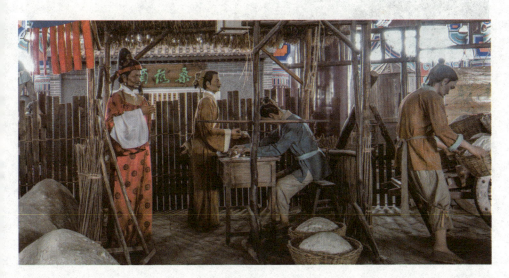

煎煮食盐的化学成就

远古时期的人类主要是从捕获的禽兽血肉中汲取盐分，但是当人类结束了茹毛饮血的蒙昧生活时，这就促使人们去重新认识自然界中天然存在的各种可食用的盐分。

我国的先民通过采集、品尝、识别、鉴定等试验过程，分别对海盐、湖盐、井盐等提高了制盐技术，进行了加工提纯，最终获得了不可或缺的食盐。

　　相传炎帝时期，在胶州湾内住着一个原始部落，部落的首领名叫夙沙。

　　有一天，夙沙从海里打了半罐水刚放到火上煮，这时一头野猪从眼前飞奔而过，夙沙拔腿就追。等他扛着被打死的野猪回来时，罐里的水已经熬干了，底部留下一层白白的细末。

　　夙沙用手指蘸了一点尝尝，又咸又鲜。他用烤熟的猪肉蘸着吃了起来，感觉味道很鲜美。那白白的细末便是从海水中熬制出来的盐。

　　从此，盐就走进了人类的生活并成了必不可少的物品。夙沙也被后世奉为盐宗。据史籍记载，夙沙煮海为盐之事应是发生在五六千年前的黄帝、神农时代。我国先民煮海做盐的活动，其初期的加工过程缺乏史料记载。

　　至宋代，据北宋时期学者苏颂所撰《图经本草》记载，宋代海盐生产是淋沙制卤和煮卤成盐，分两步进行。

淋沙制卤，就是利用海滩沙土来吸附潮水带上来的盐分，然后或人工舀水浸卤，或利用潮汐淋洗，来获得较浓的卤水。至于究竟采用哪种方法，这要看海滨地势的高低了。

地势较高的地区，潮水不能淹没，便把饱吸盐分并经晴日晒干的海沙刮取来，堆积、平摊在草上，形成一个个的"溜"，大的"溜"可高两尺，方一丈以上，各溜间则形成槽渠。

在各溜之后面一侧挖一个深坑，叫作"卤井"。用舀水器舀海水灌洗，于是海水浸泽海沙，溶出盐分后成卤水，经过槽渠便汇入卤井中。另外在淋沙坑侧掘一卤井，埋一小管于淋沙坑底下，与井相通，使淋卤流入井中。

用以上各法得到的卤水在煎煮前，最好先估测一下其中盐的浓度，如果太稀，消耗燃料仍会很多，就不合算，应再度浸沙。

为此，在宋代已有了原始的方法，可以说就是现代"浮沉子法"的雏形。南宋时期科学家姚宽所撰《西溪丛语》记载，福建用鸡蛋、桃仁来试卤水的密度，能令它们上浮的卤水便认为是上好的浓卤水。

至元明代之际，盐民又发现烧稻麦秆所得到的灰有强烈吸附海盐的作用，远胜于海沙，于是很快便普遍利用起来了。

煎炼海卤的锅，汉代时叫作"牢盆"，在宋代以后，一般称作"盐盘"。

据《图经本草》记载，煮盐之器有两类，一种是"鼓铁为之"，是用生铁铸造的，当然比较耐用，但成本高；一种是用竹篾编织成的，内外再用海边牡蛎之类的遗壳所烧成的生石灰厚厚地涂上一层，这样就耐烧烤了。

还值得一提，《太平寰宇记》已说及海陵盐户所采用的"散皂角于盘内"的方法来絮凝食盐的散晶，以利于食盐结晶的析出和成长。

皂角是豆科植物皂荚的种子，其豆粉放入水中可产生大量泡沫，因而会吸附食盐小晶粒，使它们凝聚起来。至明代，各盐户就较普遍地采用这种措施了。这可算是煎盐工艺中的一项有趣的发明。

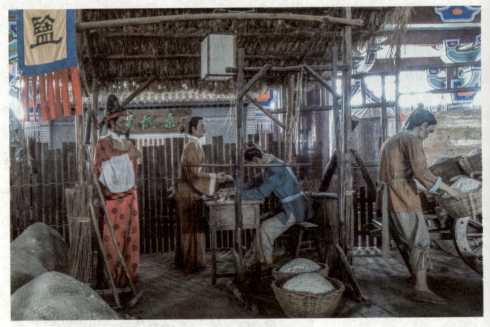

在煮卤的过程中，卤水渐渐浓厚，终于会析出食盐晶粒。为取得食盐，一种是把卤水完全烧干；一种是随煮随将析出的盐晶捞出，再加新卤水，再煮再捞。

海盐的晒制法在我国出现相当晚，元代时才兴起于福建，大概是借鉴了解州晒制池盐的经验。大约至明代中叶已有更多地区改煎为晒了。但其时多数的晒海盐法还不过是以天日曝晒代替煎炼，而仍未摆脱预制卤水的工序。

大约在明代中期的正德、嘉靖之际，在河北沧州兴建了长芦盐场，出现了与现代海盐晒制法基本相似的、完全的晒盐法。此后该盐场获得了迅速发展，并很快成为我国海盐生产的中心和典范。

明代后期海滩晒盐的具体步骤大致是：在海滨预先掘好潮沟，以待海水漫入。在沟旁两侧建造由高至低的7层或9层的晒池。

每当涨潮时海水灌满沟渠，退潮后将沟中海水舀或车入最高一层晒池，注满曝晒，经适当浓缩后，则放入次一层晒池。如此逐层放至最低池。在此过程中一般沿用上述石莲子等估测卤水浓度。及至已成浓卤，便趁晴曝晒，于是得到粒盐。

这种方法至清代初年，由天主教士又传来了意大利西西里岛人所创造的所谓"天日风力晒盐法"的经验，得到康熙帝的赞赏和奖励，于是在辽东、长芦推广。

其后沿海各处盐场便相继引进、融合此法。从此晒海盐法就逐步完全取代"煎煮海卤"的方法了。

湖盐即盐湖中天然结晶或以盐湖表层卤水晒制的盐。在我国历史上，最早也是最著名的湖盐产地是解州盐池，即今日山西省运城盐湖，所以也称之为"解盐"。

运城盐湖的开发源远流长。《战国策》曾描写驱赶良马驾着运盐的车攀登太行山时的劳累情景，而所运的盐大概就是山西安邑、解州等处所产的湖盐。

此外，春秋时期的古籍《山海经》、《周礼·天官·盐人》、《说文·盐部》中都有解州湖盐的记载。表明这一时期湖盐已很受重视。

湖盐的开发，春秋时期解州盐民便已采用原始的天日晒盐法了。这一方法至盛唐时期趋于成熟，形成了"垦畦浇晒"的完整工艺。

据唐代人张守节《史记正义》对此的记载：人工垦地建畦要经天雨适当稀释的卤水引入畦内，再靠天日、风吹蒸发浓缩晒制食盐的方法，能够使食盐单独结晶析出。这样便使湖盐的产量猛增，品质也得到改善。

井盐，是以凿井的方法开采地下天然卤水及固态的岩盐。巴蜀之地是我国井盐的发祥地，古代井盐的开采也集中在川、滇一带。而四川自贡则号称我国古代盐都，是我国井盐技术创造发明的中心。

我国井盐开采大约创始于战国晚期。李冰是战国时期的著名水利专家，可能是他在带领巴蜀百姓开山移土，修筑都江堰工程时发现了成都平原的地下卤水，曾平整过地下卤水流出所形成的盐滩。

至于煮盐之法，至迟早在汉代时于巴蜀井盐区已开始采用，所用的方法叫作"敞锅熬盐"，一直延续至现在，但其中细节则不断在改进。据《四川盐法志》和《富顺县志》的记载，可知至迟清代时熬盐的某些举措与今日自贡盐井的工艺已很相似，包含了很多颇有科学意义的技术经验。

例如：在煮盐前，往往先进行黄卤与黑卤的搭配，调剂浓度。兑卤的比例一般是黄卤比黑卤为6比4或7比3。

当煎煮近于饱和时，往卤水中点加豆浆，可以使钙、镁、铁等的硫酸盐杂质凝聚起来，并以其吸附作用将一些泥沙及悬浮物包藏住，此"渣滓皆浮聚于面"，用瓢舀出，再"入豆汁两三次"，直至"渣净水澄"。

当卤水浓缩、澄清后，点加"母子渣盐"。"母子渣盐"就是在别锅煎制出的、结晶状态良好的食盐晶粒，它可以促使浓缩的卤水析出结晶。

洗去"碱质"，提高盐质，以防潮解。所谓"碱质"实际上是镁盐。盐工们用竹制长网勺从卤水中打捞起盐粒后，"置竹器内"，再用"花水"冲洗盐粒。

花水实际上是澄清了的饱和盐水。因此它可以洗去碱质，又不会溶去盐分。如此所得的精品盐叫作"花盐"，"粒匀而色白，类梅花、冰片。"

岩盐又名"石盐"，是自然界中天然形成的食盐晶体，可以直接取来应用。这种盐的精上之品呈玻璃光泽，无色透明或白色，晶形正立方体，往往"累累相缀，如棋之积"，所以又称"光明盐"、"水晶盐"、"玉华盐"和"白盐"。有的则因混入一些金属化合物的杂质或污泥，而带有某种特殊的色调。

岩盐是自盐井或盐湖中自然凝结析出的。这种盐形状怪异，广泛出现于我国西北的广大地区，因为那里的内陆湖星罗棋布，气候干热，盐湖表面经常厚厚地凝结着晶莹的岩盐。

由于这些地区在古代属于"胡人"居处的地带，所以那里所产的岩盐统称为"戎盐"，也称"胡盐"、"羌盐"。

早在秦汉之际，戎盐便从那里大量贩运到中原地区，成为我国食盐的主要来源之一。

拓展阅读

古代岩盐矿床的开采方法有旱采和水采两大类。旱采法适用于埋藏较浅或出露地表、分布面积广，并且利用干式作业的岩盐矿床。其中地下开采是通过开拓、采准、回采工作而采得。

水采法有钻井水溶采矿法和硐室水溶法两种。前者是将淡水通过钻孔注入矿层，把矿石溶化成液体，然后用泵或其他设备抽取到地面，再经过加工，制成成品盐；后者是以淡水引入初始硐室，溶解矿体，然后从硐室抽吸可供直接利用的高浓度卤水，至地面加工制盐。

饴糖和蔗糖化学工艺

我国古代的食糖主要是饴糖和蔗糖。食糖在提高人类的营养和丰富人们的物质生活享受方面都扮演着一个很受欢迎的角色。所以从古至今它始终在农艺、食品加工和轻工业中占有重要地位。

饴糖的酿造工艺很像酿酒，但要简单，也可以说是人类利用生物化学过程的先声。蔗糖的结晶和脱色都是物理化学过程，因此白砂糖的制作工艺也可属于古代化学工艺的一部分。

我们的祖先尝到香甜的麦芽糖大概很早。而且也绝非是某位圣贤的发明，而是与酒的发明相似，初时只是自然发生的事。

在原始社会中，当人们步入农耕为主的时代以后，收获来的谷物越来越多，但又没有较好的贮藏设备和处所，被雨淋受潮的机会是很多的，于是谷物便会发芽。

当时的人们舍不得丢弃这种发芽的谷物，仍然取来炊煮食用，结果发现它变得有些甜味，更加可口。这就是说，尝到了麦芽糖的味道。于是，人们自然地就会逐步总结经验，优选出了谷芽，风干磨碎制成"曲"，像酒曲那样，用它来糖化各种蒸煮熟的稻米、大小麦、黄米、高粱、糯米、玉米等。再经过滤、煎熬就会得到含有丰富麦芽糖的糖食了。

这种糖食最初叫作"饧"或"饴"。初时读如"唐"，汉代时则改读如"羊"，其后又改饧声从唐，写为"醣"或"糖"，即成为现在的糖字了。饧、饴中除麦芽糖外，另一种成分叫作"糊精"，在现代化学中，糊精也属于糖类，但是没有甜味。

从有关"饧"的各种文字可以推断出，在大约3000年前的周代时期，甚至殷代时就已出现制饧的加工制作工艺了。例如战国时成书的《尚书》中就已有"稼穑作甘"的话，意思就是耕作、收获的谷物可制作出味甜的饧。

至汉代，人们食用麦芽糖制品已经很普遍了。那时，已有沿街吹管箫叫卖麦芽饧的小贩，饴饧已经成为平民的小食品了。

关于饴饧制作工艺的文字记载则出现较晚。最早提到此事的是东汉时期崔寔所撰写的《四民月令》，但讲得很简单："十月先冰冻，做凉饧，煮暴饴。"

文中的"凉饧"是一种较硬厚的饧；所谓"暴饴"是煎熬时间较短、浓缩度较低的"薄饴"。

后魏时期的农学家贾思勰所撰著的《齐民要术》则翔实地介绍了当时制造糖化蘖和许多"煮饧"的方法。关于加工蘖的技术，讲得很通俗易懂。

贾思勰的方法是：用收干的白色嫩小麦芽。熬糖的大铁锅必须磨净光洁，否则有油腥气。锅上立一个凿去底的缸，将缸沿底泥砌在大铁锅上，以防止熬糖浆时因沸腾而漫溢出来。

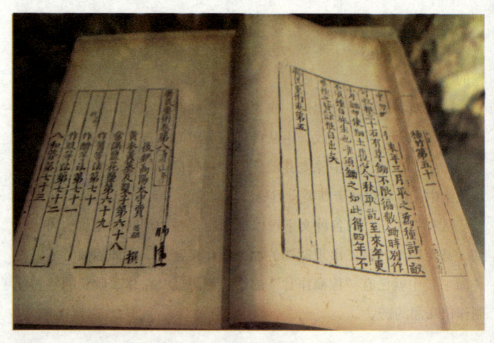

每5升干麦芽可糖化一石米。先把米淘洗净煮成饭，再摊开晾到温热，然后放在大盆里与麦芽末搅和均匀。

接着先塞住瓮底的孔，将原料密闭在瓮中，盖上棉被，保持相当高的温度使之糖化。瓮中的饭要保持蓬松。冬天经一天，夏日只要半天，饭就变成稀粥状了，糖化便告完成。

然后，加进热水，拔掉瓮底的塞子，放出糖液，在铁锅中用温火煎熬。要不断搅拌，不要熬焦。凭经验直至煮浓，停火，冷下来就生成硬饧了。用高粱米、小米所制成的饧则洁白如冰晶。

在贾思勰之后，创作饴饧的原料越来越广泛，方法也在不断调整，但没有实质性的改进。不过用麦芽糖制作的糖食品种、花样则不断翻新。

如后世的东北特产"关东糖"、腊月二十三祭灶的"糖瓜"、南方的某些"芝麻南糖"、从"一窝丝"发展而来的酥糖等，都是以麦芽糖为中心的名特饴糖小食品。

例如"一窝丝"是把稠厚的麦芽糖用木棍反复捶打、拉抻、折叠，使其中充满空气的微小气泡，所以这种糖既香甜又酥脆。

古往今来，甘蔗始终是制糖的最主要的原料，它含蔗糖量高，制糖工艺简单，产品质量也好。

在西汉时期人们已采用日晒和温火煎熬，或两者结合，即"煮而曝之"的办法把蔗汁中的大部分水赶掉，而得到稠厚的胶状糖浆，其中大部分微生物被杀死，可以保存较长的时间。这种糖稀就叫作"蔗饴"或"蔗饧"。

随着煎熬蔗汁技术的提高，可使其中水分充分蒸发而又不致糊焦。当水分含量降至10%以下时，冷却后就会凝固成糖块，颜色红

褐，于是被称作"石蜜"，但它还不是结晶糖。《汉书·南中八郡志》就已经说到交趾地区就生产这种糖。

唐代时期我国的蔗糖技术有了长足的进展，今天的红砂糖就是那时开始出现的。但这种砂糖技术是吸取了当时印度先进制糖经验而产生的。

唐代在制糖工艺中的另一项重大成就是掌握了制造大块结晶冰糖的技艺。不过，在唐宋时期人们把冰糖称作"糖霜"，直至明代白砂糖问世以后，人们又称白砂糖为"糖霜"，于是才改称"累缀"，如崖洞间钟乳状的结晶糖为"冰糖"。

关于冰糖，大约是从四川涪江流域遂宁地区首先开始制造的。传说唐代大历年间，一位姓邹的和尚来到遂宁传授了这种技艺。

此后冰糖发展很快，宋代时福建的福唐，即福州、浙江的四明，即宁波、广东的番禺、广汉地区，即今白水流域也都有了，但仍以遂宁者为冠。

关于遂宁地区制冰糖的源起、工艺、性质、收藏之法，南宋时期遂宁人王灼所撰《糖霜谱》一书记载甚详。据他记载，当时制造冰糖的情景大致如下：

在农历正月初，天寒之际把蔗汁熬熟至稠如饧。先把竹篾插在瓮中，然后灌入蔗浆，用竹席盖上。两天后，液面上析出如细砂的糖晶粒。至正月十五后，便"结成小块或缀竹梢如粟穗，渐次增大如豆"，或者"成座如山"。

直至农历五月，春生夏长之际，结晶不复增长，这时要及时倒出剩余糖水，晾冰糖至干硬，否则一旦过初伏，天变热，冰糖就要复化为水。取下竹篾上及釜壁上的结晶。

因为冰糖很怕阴湿，收藏也很有讲究。先在一个大瓮的底部铺上一层大麦或小麦糠皮，其上放一个竹篓，篓的底上又先垫上一层笋皮，然后放进冰糖，最后用竹席盖好瓮。

这种冰糖以颜色紫者为上，深琥珀色者次之，黄色者又次。它在唐宋时期很受人们喜爱，是亲友间馈赠的佳品。宋代文人苏东坡就曾赋诗：

涪江与中泠，共此一味水。

冰盘荐琥珀，何似糖霜美。

至明代，我国有了脱色的白砂糖。于是就以白砂糖制作冰糖，所得就是我们现在见到的洁白晶莹的冰糖了。

元明时期，我国的糖工开始了白砂糖脱色处理研究，并取得了成功。最早的尝试应该算利用鸭蛋清的凝聚澄清法。

这种方法是把少许搅打后的鸭蛋清加到甘蔗原汁中，然后加热，这时其中的着色物质及渣滓便与蛋清凝聚在一起，漂浮到液面上来。然后撇去，而使蔗汁变得澄清，黄褐色褪去。

但用这种方法脱色究竟不彻底，而且不经济。后来大概只在制冰糖时才采用这种方法。

在我国古代砂糖的脱色技术中成就最大、影响最广的要算黄泥浆脱色法了。这项技术的发展从偶然的发现到自觉地运用和改进大致可分为两个阶段。

第一个阶段是盖泥法，操作时先将蔗汁加热蒸发，浓缩到黏稠状态，就倾倒入一个漏斗状的瓦钵中，事先则用稻草封住其下口。经过两三天后，钵的下部便被结晶出的砂糖堵塞住了。

把瓦钵架在瓮或锅上，糖浆上面再以黄泥饼均匀压上。这时黄泥便一点点地渗入糖浆中，吸附了其中的各种有色物质并缓缓下沉到钵的底部，于是拔出塞草，泥浆便又随着糖蜜逐滴落入下面的瓮、锅中。

这样经过一个相当长的时间，脱色过程完成。揭去土坯，这时钵中上层部分便成为上等白糖了，瓦钵底部的仍为黑褐色糖。这种技艺的发明，据传说是非常偶然的。

清代的《泉州府志》记载：传说元代时泉州府南安县有一个姓黄的糖匠在制糖时，突然墙塌，黄土块落到缸中的糖浆上。在清理时，把土块清除去，发现缸中上层结晶出的糖变得非常洁白。于是后人便都仿效这种方法了。

这种盖泥法经过后人的不断仿效，糖匠们便逐步明确意识到黄泥浆具有脱色的本领，于是改进盖泥法，演变出往糖浆中添加黄泥浆的做法，这便是泥浆脱色法发展的第二阶段。

砂糖脱色技术的改进，不仅使脱色效果更好，而且大大提高了制糖脱色的效率。

此外，我国古代的食糖中还应包括蜂蜜。蜂蜜中含有大量转化酶，因为蜜蜂体内含有转化酶，可以水解蔗糖转化为等量的葡萄糖和果糖的混合物。不过蜂蜜是从自然界采集来的，养蜂业的兴起似乎也是较晚的事，其工艺中也谈不上什么化学过程，因此难以纳入古代化学工艺的范畴。

拓展阅读

谢讽曾担任过隋炀帝的"尚食直长"，是管皇帝膳食的官。

他曾经写有《食经》一书，记录了当时的很多食物品种，有脍、羹、汤、炙、酱生饼、卷、糕、面、寒具、饭等类。而每类食品又有若干品种。如羹就有羊羹、鱼羹、鹑羹、折箸羹等，脍有飞鸾脍、咄咄脍、专门脍、拖刀羊皮雅脍、天真羊脍、鱼脍等。

谢讽在《食经》中还记有"做饴法"，是用1比10的比例配比生芽的米和黄米，经加工后制成饴糖。这是我国熬饴工艺的较早记载。

独树一帜的酿酒化工

我国历史上以农业立国，随着农业生产水平的大幅度提高，为酿酒业的兴旺提供了物质基础。不仅酿造出了久负盛名的粮食酒，还有葡萄酒和蒸馏酒等。

我国古代的酿酒技术在生产实践中逐渐确立了技术规程，其化学工艺独树一帜，成为东方酿造界的典型代表和楷模。

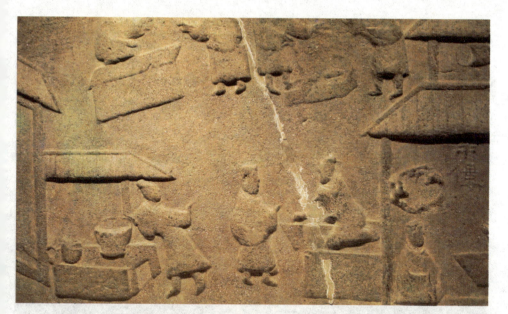

关于我国酿酒的起源，自古流行着许多传说。其中有一个流传广泛持久的说法是杜康造酒。

传说杜康将未吃完的剩饭，放置在桑园的树洞里，剩饭在洞中发酵后，有芳香的气味传出。这是酒的最初的做法。

由生活中的偶然机会作为契机，启发创造发明之灵感，这是很合乎一些发明创造的规律的。

西晋学者江统写过一篇《酒诰》，议论到酒的源起时说：煮熟的谷物，没有吃尽，丢弃在野外，自然而然就会发霉发酵成酒。

这种说法确切地描述了以曲酿酒的源起。此后，逐步又发展到把制曲和以曲为引子酿酒分步来进行。

酒是含乙醇的饮料，在古代的条件下，乙醇是某些糖类化合物在酵母菌所分泌的酒化酵素的作用下被氧化而成的。

糖类（或叫碳水化合物）包括淀粉，以及麦芽糖、蔗糖、葡萄糖、果糖等简单的糖类。但只有那些简单的糖类才能在酵母菌的作用

下转变成乙醇，淀粉则不能。

　　谷物不能直接发酵转变为酒。但是当谷粒一旦受潮发芽时，谷芽就会自发地分泌出一种淀粉酶，把谷粒中的淀粉水解成麦芽糖。而麦芽糖一旦生成，又与空气中浮游的酵母接触，就会产生出酒。

　　我国在酿酒的早期阶段，除了麦芽糖酿酒外还有一项极卓越的发明。这就是用发芽、发霉的谷物作为引子，来催化蒸熟或者碎裂的谷物，使它转变成酒。我国古书上把这种发芽而且发霉的谷物称为"蘗"。

　　这项酿酒工艺的原理是那些发芽的谷物一旦与空气中浮游着的叫作丝状毛真菌的孢子接触，就会在其上生成丝状的毛霉，而毛霉可以分泌出淀粉酶。

　　另外，发霉的谷物上总还同时滋生着酵母菌，因此"曲蘗"便具有综合的功能，促使谷物转变成酒，也就是说发芽发霉的粮食浸到水中就会变出酒。

以蘖酿酒和以曲蘖酿酒的经验可能是在差不多的时期取得的。人们利用曲蘖酿酒，经过一段时期的经验总结：只要把谷物蒸煮，放置在空气中，环境适当时就可以发霉变"曲"而无需先使它发芽，即可直接用来酿酒。

以酒曲做引子来酿酒比以蘖酿酒，效率要高得多，也更加简便。

曲的发明极大地推进了酿酒技术的发展，它是我国古代酿酒史上一次重大突破性的进步。从此酒曲的研制、改进就成了酿酒技术中最重要的一环。

商代时人们已清楚地认识到曲蘖在酿酒中的决定作用。《尚书·商书·说命》记载："若做酒醴，尔惟曲蘖。"即既表明酿酒技术的发展对曲蘖技艺的依赖关系，也表明这时期曲、蘖已分别指两种东西，用

于酿酒和制醴。

　　殷商时期，饮酒的风气极盛。当时只有两种酒，一种叫作"醴"，是用蘖酿的酒，乙醇含量不高，富含麦芽糖，所以味道较甜，酿造的主要原料是小麦和小米，这种酒是酿来吃的；另一种名叫"鬯"，是用黑黍为原料，加了香料，利用曲酿造的香酒，大概主要是用在祭祀上。

　　周代时，已经总结出了丰富的酿酒经验，有了很完整的一套酿酒技术规程。《周礼·天官冢宰》记载：周代时宫廷中设有"酒正"，专门掌管造酒的政令；有"大酋"负责造酒的诸般事宜；有"浆人"从事造酒的劳作。

　　那时吃酒已有两种方法，一种是酒浆与酒糟同吃，这种酒叫"醪糟"，就像今天江南的"酒酿"，大概属于甜酒；一种是酒精，是用布把酒糟挤滤掉，只饮酒浆，这种酒叫"湑"，就像今天的黄酒。

连酒糟一起吃，在远古时期不仅节约，而且也较可口。当时烧、炒、煮等谷物加工方式大都十分简陋，保存熟的或半熟的谷物更是乏术。

将它们酿制成酒倒可能是一种简便的有效方法。吃这种酒糟不仅能暖身饱肚，而且还能兴奋精神和舒畅身体。

这种连酒糟一起吃的习俗，至今仍在许多民族和地区中保留着，许多人爱吃酒酿即是一例。

当时有一种较特别的酒，叫作"酎"。其制法是以酒代替水，加到米和曲中再次发酵以提高醇度，如此重复两次而酿成酎。这种酒较浓醇，深受欢迎。这种采用重复发酵的方法来提高酒的浓度，是当时酿酒技术的一项重要创新，此后得到了推广和发展。

《礼记·月令》有一段介绍当时酿酒工艺的6项经验之谈：

精选酿酒原料；选择适当的季节制曲造酒；再用生水泡浸谷物和加热或炊熟谷物，在这一过程中，必须保持用水和用具的清洁。

选择香美的水酿酒；发酵用的和盛酒用的陶器必须完好，

不得有渗漏之弊；炊米和发酵时必须火候、温度适当。

只有注意抓住上述6项操作要领，才能保证酿出佳酿，负责酿酒生产的大酋应该监督上述操作要领的执行，千万不要疏忽大意，出现差错。这些经验是完全符合酿酒生产实际的，所以得到后人的高度重视和借鉴。

关于我国古代制曲技术的记载，还有晋代嵇康所著的《南方草木状》，其中记载了两广的"草曲"。制作方法是把米粉与多种草叶混合，以豆科植物野葛汁和淘米水搅拌，揉成团，放在蓬蒿中，于荫庇地方放置一个多月就制成了。它是用来酿造糯米酒的。

至南北朝时，农学家贾思勰撰著的《齐民要术》中有4篇专门介绍酿酒，共记载当时北方的12种造曲法，并按酿造的效能把酒曲分成3等：酿酒用的"神曲"5种，"白醪曲"和"女曲"各一种，"笨曲"，它们都是以小麦为原料的黄酒曲。

贾思勰对酿酒的原料、原料的预处理、酿造温度的控制、水质和原料与水的比例以及对酿酒的主要条件也都一一地作了总结。

他强调：要将原料淘洗干净；酿造时要分批添加原料，逐级发酵，以调控发酵的温度，特别是在发酵热度高时要及时把醪舒展开；酿酒用水以水脉平稳的河水第一，甜井水次之，而忌用碱水；原料与水的比例则必须依酒曲的质量而定，曲好则投水量要大。

贾思勰已了解到发酵温度过高会使酒变酸。可见1400年前我国的造曲法和酿酒工艺已经有了极丰富的经验和很高的水平。

此外，北宋时期药学家朱肱写了一本《北山酒经》，其第二、第三两卷是专门介绍南方造曲法和酿酒法的。它记录了13种曲的制法。

分为3类：第一类叫"罨曲"，把生曲放在麦秸堆里，定时翻动；第二类叫"风曲"，用树叶或纸包裹着生曲，挂在通风的地方；第三类叫"抱曲"，将生曲团先放在草中等到生毛发霉后把盖草去掉。

这些曲分别以麦粉、粳米、糯米为原料，都掺加了一些草药，如川芎、白术、官桂、胡椒等，可以调节酒的风味。

我国古代在造曲技术上还有一项很值得自豪的成就，就是培育出了红曲。它也叫"丹曲"，是红米真菌在籼稻米上滋生而成的，并长透米粒内外。

因为红曲繁殖很慢，在自然界中很容易被生命力强、繁殖迅猛的其他霉菌类压制，所以这种曲不好制作，也不易发现。即使发现了，也往往因为"不识货"，而以为是造曲失败了。

由于红曲是高温嗜酸菌，所以在较高的温度下，特别是在酸败的大米上，其他菌类多数受到抑制，红曲的优势却显现出来了。所以红霉菌曲的培养成功必然是曲工长期耐心观察、总结经验的成果。

宋应星的《天工开物》对红曲的制作有很翔实的记载。从它的描述，可知明代曲工在制作红曲时，还要往米饭中加酸性明矾水，以利于红霉菌的生长，足见他们

的经验多么丰富。

红曲既是中药，又是食品。它的用途很多，除了酿红酒外，更大的用途是作食物防腐剂，在鱼和肉上薄薄敷上红曲，即使在盛暑也能保持风味不变，蛆蝇也不敢接近，因为红米霉可以分泌出强杀菌作用的抗生素。所以宋应星说它是"奇药"，李时珍说"此乃窥造化之巧者也"。它又是很理想的食品染色剂，既无毒，又鲜艳，红腐乳就是利用它着色的。

红曲还是很好的医药，李时珍已经指出，它可治疗赤白痢疾、跌打伤损、消食活血、健脾燥胃。关于水果酿酒，在汉代以前，我国似乎没有以水果酿酒，也没有这方面的记载。据《汉书》记载，是汉武帝时张骞出使西域，从今中亚费尔干纳盆地的大宛带回来了葡萄种子和葡萄酒。

东汉时成书的《神农本草经》已提到"葡萄……可做酒，生山谷"。但只说可以做酒，没有讲清这是据玉门关外输入的酒而言，还是说这时华夏民族自己已经开始酿造葡萄酒。所以只能说那时已知道葡萄可以酿酒。

至三国时期，中原人已经会酿葡萄酒了，但仍不普遍，味道也不见得好。

至唐代时，从高昌移植来了优良品种的马乳葡萄，又直接吸取了西域的酿造法，于是酿出了"芳香酷烈，味兼醍盎"的葡萄酒。从此，葡萄美酒就在中原大地上盛行了起来。

蒸馏酒的出现是造酒进步史上的又一个飞跃。

我国在宋代开始制造蒸馏酒。酿造的酒中乙醇的浓度不会太高，因为酒中乙醇的浓度超过10%时，就抑制了酵母菌的活动能力，发酵作用也就停顿下来了。取得烈性的浓酒必得通过蒸馏过程。

北宋时期大文学家苏东坡所撰《物类相感志》中有"酒中火焰以青布拂之，自灭"的话，这种可燃烧的酒应是一种蒸馏酒。

1975年在河北省青龙县发现了一具同一时期的金代铜胎蒸馏锅，估计可能是用来蒸酒的。尽管宋代可能已经有了蒸馏酒，但肯定还十分罕见。即使至明代晚期，宋应星在撰写的《天工开物》中，也没有提及蒸馏酒。

李时珍《本草纲目》中固然提到一种烧酒，名叫"阿拉吉酒"，但那是元代时自东南亚传入我国的一种酒，是利用棕榈汁合稻米酿造而成的。李时珍只说其蒸馏法是"用浓酒和糟入甑，蒸令气上，用器承滴露"。但这是传来的经验，没有提及我国自己设计的蒸馏装置。清代以后，我国民间酒坊采用蒸馏工艺就比较普遍了。

拓展阅读

东汉末期，曹操发现家乡一个已故县令的家庭酿酒方法，新颖独特。其法是在一个发酵周期中，原料不是一次性都加入进去，而是分为9次投入。

该法先浸曲，第一次加一石米，以后每隔3天加入一石米，共加9次。曹操称用此法酿成的酒质量很好，就将此方命名为"九酝春酒法"并献给汉献帝。

"九酝春酒法"在现代称为"喂饭法"。在发酵工程上归为"补料发酵法"。这一方法后来成为我国黄酒酿造最主要的加料方法。

醋酱酵制与化工技术

　　自然界中的酸味果品和生活中某些变酸的食品，颇受古代先民的青睐，因此便利用粮食酿制出了多种风味的醋。酱可以说是酒和醋的孪生兄弟，也是一类经微生物发酵而制成的用来添加味道的食品。

　　古代先民对酱和醋的合理利用，不仅使我国的烹饪食品享誉世界，同时对人类饮食文化的发展也是一大贡献。成为了日常生活中的必需品。

　　相传醋是"酒圣"（杜康的儿子）黑塔发明的。杜康发明酿酒术的那一年开个前店后作小槽坊，儿子黑塔帮父亲酿酒，在作坊里打杂，同时还养了匹黑马。

　　一天，黑塔做完了活计，给缸内酒槽加了几桶水，兴致勃勃的搬起酒坛子一口气喝了好几斤米酒，没多久，就醉醺醺地回马房睡觉了。

　　突然，耳边响起了一声震雷，黑塔就迷迷糊糊睁开眼睛，看见房内站着一位白发老翁，正笑眯眯地指着大缸对他说："黑塔，你酿的调味琼浆，已经21天了，今日酉时就可以品尝了。"

　　黑塔正欲再问，谁知老翁已不见。黑塔被惊醒后，回想刚才梦中发生的事情，觉得十分奇怪：这大缸中装的不过是喂马用的酒糟再加了几桶水，怎么会是调味的琼浆？

　　黑塔将信将疑，其时正觉唇干舌燥，就喝了一碗。谁知一喝，只觉得满嘴香喷喷，酸溜溜，甜滋滋，顿觉神清气爽，浑身舒坦。

　　黑塔大步走进父亲房中，将刚才发生的事一五一十地告诉了父亲。杜康听了也觉得神奇，便跟黑塔一起来到马房，一看大缸里的水是与往日不同，黝黑、透明。用手指蘸了蘸，送进口中尝了尝，果然香酸微甜。

　　杜康又细问了黑塔一遍，对老翁讲的话琢磨许久，还边用手比画着，突然拽住黑塔在地上用手指写了起来："二十一日酉时，这加起来就是个'醋'字，兴许着琼浆就是'醋'吧！"

　　杜康父子按照老翁指点的办法，在缸内酒槽中加水，经过21天酿制，缸中便酿出醋来了，再将缸凿一个孔，这醋就源源不断地流淌出来了。他们将这调味琼浆送给左邻右舍品尝，左邻右舍都连连称赞味道好。

我国是世界上最早以曲作为发酵剂来发酵酿制食醋的国家，据文献记载的酿醋历史至少也在3000年以上。

"醋"我国古称"酢"、"醯"、"苦酒"等。"酉"是"酒"字最早的甲骨文。同时把"醋"称为"苦酒"，也说明"醋"是起源于"酒"的。

汉代我国已经有了食醋。西汉管理宦官的黄门令史游所撰《急就章》中有"芜荑盐豉醯酢酱"的话；东汉时期崔寔所撰《四民月令》中又有了"四月四日可做醯、酱"的话。

东汉时期，醋不仅食用，并开始作为医药，据说东汉时期名医张仲景治黄汗就用"黄芪、芍药、桂枝苦酒汤"。

在炼丹术兴起以后，苦酒很快又被方士们所利用，据说他们用苦酒和硝石制成溶液，居然溶解了很多矿物，如丹砂、慈石、雄黄等，因此成为"水法炼丹"的主要溶剂。

方士们还把一些矿物质溶入醋中，称之为"左味华池"，也是炼丹术中不可少的药剂。

根据现代微生物学和酿造化学的知识，多数以粮食酿醋的发酵全过程，可分为3个主要步骤：淀粉通过谷芽或毛霉菌的作用发生糖化和液化；通过酵母菌的作用，糖转化为乙醇和二氧化碳；乙醇经醋酸菌的作用，转化为醋酸。

此外，在醋酸发酵的同时，还有其他细菌的酶系作用伴随着发生，如氧化丙醇生成丙酰酸，氧化丁醇生成丁酸，氧化甘油生成二羟基丙酮，氧化葡萄糖生成葡萄糖酸，分解蛋白质为氨基酸。而这些有机酸又可与醇类缩合生成醇芳的酯，会使醋风味浓酽，香鲜味美。

在古代，人们对发酵缺乏科学了解，全凭经验，所以从酿酒到造

出食醋确实需要相当长时期的摸索，而且早期的食醋味道也还不大鲜美，所以汉唐时期还常把食醋称为"苦酒"。

最早记载造醋法的著作大概是汉代人谢讽所著《食经》，其中提到"做大豆千岁苦酒法"，但记述过简，很难估计那种方法的水平。

翔实记载酿醋法的早期著作仍是贾思勰的《齐民要术》，其中不仅有许多"苦酒法"，而且有许多制曲酿醋法。例如"粟米曲作酢法"、"回酒酢法"和"神酢法"等共23种。造醋的原料包括了谷物小米、高粱、糯米、大麦、小麦及大豆、小豆等。

《齐民要术》所介绍的都是制作上等香醋的方法。以其中的"神酢法"为例，做法是这样的：

先做醋曲，将大豆煮熟后与面粉混合，加水调合成饼状，平铺，用叶子盖上，使菌在饼上繁殖。

曲菌孢子经过几天后便发芽，生出菌丝，接着菌丝又生育出大量黄绿色孢子满布于曲上。这种黄色曲，古时叫作"黄蒸"。

在农历七月初七用三斛蒸熟的麸子加一斛"黄蒸"，放在洁净的陶瓮中，待两物接触发热变得温暖的时候，把它们拌合起来，加水至恰恰把它们淹没。

保温放置两天，压榨出清液，放在大瓮中，经两三天后，这时瓮体就会热起来，要用冷水浇淋瓮的外壁，让它冷下来。这时液面上会有白沫泛起，要及时捞起撇掉。满一个月，"神醋"就成熟可食了。

从《齐民要术》对众多造醋法的记述可以看出，在北魏时期我国的制醋匠人对酿醋过程中几个关键环节都有了周密的观察，严格的条件控制，他们的一系列判断也很符合现代科学的道理，表明酿醋工艺的成就已经达到了很高的水平。

我国至迟在隋唐时期，不仅已经熟练地掌握了用粮食为原料，通过直接生曲、发酵的连续过程来造醋，而且制醋原料更加多种多样，表明已做过广泛的尝试，所以醋的品种极为丰富。

据唐代药学家苏敬所撰《新修本草》记载，当时除有米醋、麦醋、糠醋、曲醋、糟醋等粮食醋外，更有以饴糖为原料的糖醋，以桃、葡萄、大枣等为原料的果醋。其中最重要的还是米醋，而且以它的味道最"酸烈"，也只有它能入药。

山西陈醋是我国传统食醋，以独特的风味，蜚声宇内。其特点是甘而不浓，酸而不酽，鲜而不咸，辛而不烈。醋曲是用大麦、豌豆和

黑豆为原料制作的，以麦壳、谷糠、麦秆、高粱秆为曲床，在25度下发霉而成。

造醋时先将黏黄米和高粱合煮成粥，加入20%上述醋曲，经过一个多月便成为醋醪，再加入麸皮、小米糠，拌匀，放置在曲房中在35度下发酵，10天后即成醋糟，于是便移入淋缸淋醋。

新醋再经日晒、露凝、捞冰等工序继续发酵和浓缩，风味便越来越佳，经一两年后才食用，所以叫"老陈醋"。

这是它的传统制法，这种配方和工艺在《齐民要术》中已经基本成型，所以其历史有1400多年了。

镇江香醋也是我国传统食醋，特点是酸而不涩，香而微甜，色浓味鲜，是许多江南名菜的重要调料。

它是以糯米酿造，头道工序是用糯米蒸饭，在30度下糖化、酒化，然后分批添加麸皮、谷糠，进行固态分层次发酵，这样可以总保持发酵物与氧气充分接触，并逐步扩大醋酸菌的繁殖。

其淋醋过程还包括过滤和浓缩，以清除杂质，使醋增浓，并适当消毒，这种香醋要再密封贮存6个月方可出厂。

镇江香醋与陶弘景所提及的米醋属于同源，那么这种类型的醋，其祖距今也有1400多年了。

我国的豆酱是以豆类和面粉为原料发酵制成的，至少也有2000多年的历史了。西汉时期成书的《急就章》已提到"酱"，唐代人颜师古注释说："酱以豆合面为之也。"

此后，东汉时期哲学家王充的《论衡》、崔寔的《四民月令》都提到做酱，并强调做酱要及时，不要延误到梅雨季节。

《齐民要术》中有12种造曲法，其中有"黄衣"、"黄蒸"，就是用于制酱、制醋的。它们一般是碎块的散曲。前一种是用整颗的麦粒，后一种用舂碎磨细的麦粉。蒸熟后摊在席箔上，用幼嫩的荻叶盖上，直至长上一层黄霉菌。

这种曲能分泌出淀粉酶和蛋白酶，对淀粉既具有糖化作用，也具有酒化作用，更重要的是又可水解豆类中的蛋白质成为氨基酸，这是使酱具有香醇和特殊风味的主要原因。

关于黄霉菌的培养以及如何发挥出它所分泌的酶的活力，在《齐民要术》成书时，也已经有了相当成熟而且相当科学的经验。例如贾思勰曾指出：培养"黄衣"要在农历六七月中。

现在知道，黄霉菌的生长需要较高的温度与湿度。所指示的农历六七月正是黄河中下游地区处于盛暑、多雨季节，气温高，湿度大。

又如在酿造时要"于瓮中以水浸之，令醋"，所谓"令醋"是指让它发酵变酸，现在已知，黄霉菌能耐微酸性的环境，而"令醋"可抑制一部分不耐酸的杂菌。再如，酿造酱时都要加入盐，这样可抑制很多腐败菌和有损人体健康的细菌的繁殖。

我国豆酱的传统制法，是先把大豆浸泡、蒸熟，拌入约25%的用麦粉制成的"黄蒸"类曲子，拌入15%至20%的浓盐水，搅揉成团，放在太阳下曝晒半个月至两三个月，或在室内搅拌几个月至一年，于是在各种微生物作用下就成为具有独特香味的豆麦酱。

有了豆酱，只要通过沉降、过滤、淋洗或压榨的方法就可以从豆酱提取到酱油了。这种食法至迟在东汉时期已经有了。《四民月令》中提到"清酱"就是酱油。

《齐民要术》在"做酱"一章中固然没有提到酱油，但在烹调食物的章节中，在"炮豚法"及"炮鹅法"中都用到"酱清"，也就是清酱。

至唐代，酱油就普遍被采用为调味品了。有趣的是酱油那时竟然也进入了医方。孙思邈的《千金要方》治手指掣痛就是"用酱清和蜜温热浸之"，还说，"鲫鱼主一切疮，烧作灰，和酱汁敷之"。

拓展阅读

清徐是山西老陈醋的正宗发源地，也是中华食醋的发祥地，距今已有4000多年了。相传，帝尧定都清徐县尧城村后，采摘瑞草"冀荚"以酿苦酒。这里所说的苦酒就是人类最早的酸性调味品醋。

汉唐时期，并州晋阳一带的制醯作坊日益兴盛，从民间至官府，制醯食醯成了人们生活的一大嗜好。明清时代，山西酿醋技艺日臻精湛，并随晋人迁徙和晋商的足迹，将山西的制醯技术和食醋习俗带到了长城内外、大江南北，是山西名扬四海的重要媒体。

染料和色染化学成就

我国很早就利用植物、矿物染料对织物或纱线进行染色，并且在长期的生产实践活动中，掌握了各类染料的提取、染色等工艺技术，丰富了我国古代的物质文化生活。

我国古人在实践中开拓了染料、颜料的选择范围，并在"蜡缬"、"绞缬"、"夹缬"等染花过程中，运用化学工艺，生产出五彩缤纷的纺织品。

　　大约在新石器中期，居住在青海柴达木盆地诺木洪地区的原始部落，当人们采摘、摆弄鲜花野草时，某些花草中的浆汁沾在手上，蹭在身上，就会染上颜色。于是，人们便想利用它们来染色了。

　　最初是把花、叶搓成浆状物，以后逐渐知道了用温水浸渍的方法来提取植物染料。选用的部位也逐渐扩展到植物的枝条、树皮、块根、块茎以及果实。

　　后来，通过千百年的努力，人们逐步判断出几种特别适宜做染料的植物，把毛线染成黄、红、褐、蓝等颜色，织出带有彩条的毛布。

　　例如用蓝草来染蓝，用茜草来染红，用黄柏来染黄；又分别探讨出各种染料的一些习性和必要的一些加工工艺；接着由于染料的需求量猛增，人们便有意识地大规模栽培这类植物并研究栽培的方法。

　　色染逐步成为一种专门的技艺和行业，我国古代称之为"彰施"。这个词最早见于《尚书·益稷》，它记述了舜对禹讲的话，舜让禹用5种色彩染制成5种服装，以表明等级的尊卑。

　　我国古代陆续常用的染料有红、黄、蓝、紫、黑。最初主要来自

植物，后来人们又通过加工提纯矿物进行染色。

红色染料有红花、茜草和苏木。红花也叫"红蓝花"、"黄蓝花"等异名，是草本植物，提取染料部分为花。其红色素易溶于碱水，加酸又可沉淀出来，所以红花染色的织物不能用碱性水去洗涤。

茜草又写作蒨草，又名"茅搜"、"茹芦"，是草本植物，可提取染料的部分为根茎。因为这种染料色泽鲜美，很受欢迎，销路很大。

苏木是热带乔木，其干材中含有"巴西苏木素"，原本无色，被空气氧化后便生成一种紫红色素，可作为染料。由于苏木中还含有鞣质，所以用苏木水染色后，再以绿矾水媒染，就会生成鞣酸铁，是黑色沉淀色料，颜色会变成深黑红色。

黄色染料主要有黄栌、黄柏、栀子和槐。黄栌是一种落叶乔木，从其干材中可浸渍出一种黄色染料。黄栌木本为药材，唐代用于染色。

黄柏从其木材和树皮都可浸出黄色染料，不过应用较少。它与靛青套染，则成为草绿色。但我国古代常用它染纸，制成"防蠹纸"，可以防虫蛀。

栀子有时写作"枝子"、"支子"，又名"木丹"、"越桃"。其果实椭圆形，是药材，并可从中浸取出黄色染料。据李时珍说，还有一种红花栀子，以其果实染物可成赭红色。所以栀子又称"黄栀子"。

槐是一种落叶乔木。槐花未开时，其花蕾通称"槐米"。李时珍曾指出：槐米"状如米粒，炒过，煎水，染黄甚鲜"。

在古代，蓝色的服装往往是平民穿戴的，所以蓝色染料用量极大。在这类染料原料中蓝草是从古至今最著名的制取蓝色染料的草本植物。

蓝草有5种，分别是茶蓝、蓼蓝、马蓝、吴蓝、苋蓝。

在蓝草的叶子中含有一种色素，染于织物上后，经日晒，空气氧化，就生成"蓝靛"。这种染料非常耐日晒、水洗和加热，所以自古即受欢迎，历来都作为经济作物而大面积种植。

我国自古染紫都用紫草，《神农本草经》已经著录。它有"茈草"、"地血"等别名，是多年生的草本植物。其花和根都是紫色，从其根、茎部可提取出紫色染料。

我国古代黑色染料的原料都是一些含鞣质的植物的树皮、果实外皮或虫瘿，例如五倍子壳、胡桃青皮、栗子青皮、栎树皮及其壳斗、莲子皮、桦果等。

它们的水浸取液与媒染剂绿矾配合，便生成鞣酸亚铁，上染后经日晒氧化，便在织物上生成黑色沉淀色料。因绿矾常用于染黑，所以又叫皂矾。

对于上述这些植物，需要染工预先处理，对有效成分加以提取、纯制，做成染料成品。这样便出现了古代的染料化学工艺。

比如蓝草的化学加工，据《齐民要术》和《天工开物》记载，是把它们的叶和茎放在大坑或缸、桶中，以木、石压住，水浸数日，使其中的"蓝甙"水解并溶出成浆。

每水浆一石，下石灰水

5升，或按1.5％的比例加石灰粉，使溶液呈碱性，其中无色的靛白便很快被空气氧化，生成蓝色"靛青"沉淀，滤出后晾干即为成品。

临到用时，将靛青投入染缸，加入酒糟，通过发酵，使它再还原成靛白并重新溶解，即可对织物进行染色工序了。这种"靛青"制作和染色的化学工艺大约在春秋战国时期已经发明。

我国色染技术也有一个由简单至复杂，由低级至高级的过程。最初是所谓"浸染"，就是把纤维或织物先经漂洗后，浸泡在染料溶液中，然后取出晾干，就算完成。

但由于染料品种有限，浸染出的颜色种类就比较单调。比如，很难找到合适的天然绿色染料，染绿就发生了困难。于是便进一步发展出了"套染"。

套染是把染物依次用几种染料陆续着色，不同染料的交配就可以产生出色调不同的颜色，或以同一染料反复浸染多次，又可得到浓淡递变的不同品种。

例如先以黄柏染，再以靛青染，就可以得到草绿色；以茜草染色，以明矾为媒染剂，反复浸染不同次数后，颜色就会由桃红色过渡到猩红色；以茜草染过，再以靛青着色，就可以染出紫色来。

这种套色法，我国殷周时就逐步掌握了。

大约在战国时期成书的《考工记》以及汉代初期学者缀辑的《尔

雅》都提到：以红色染料染色，第一次染为縓，即淡红色；第二次染为赪，即浅红色；第三次染为纁，即洋红色；再以黑色染料套染，于是第五次染为緅，即深青透红色；第六次染为玄，第七次染为缁，即为黑色。

马王堆汉墓出土的染色织物，经色谱剖析，有绛、大红、黄、杏黄、褐、翠蓝、湖蓝、宝蓝、叶绿、油绿、绛紫、茄紫、藕荷、古铜等20余种色调。

显然它们都是采用套染技术染成的，表明我国的套染技术在汉代已很成熟，经验已非常丰富。

为了使服装更加华丽多彩，我们的祖先又早在春秋战国时期开始研究、发展多种敷彩、印花的色染工艺。至西汉时期，我国在丝织品上以矿物颜料进行彩绘的技术已很高超。

例如马王堆汉墓出土的绫纹罗绵袍就是用朱砂绘制的花纹，十分鲜亮。

当时凸版印花技术也已相当成熟，马王堆出土的金银色印花纱，竟是用3块凸版套印加工的，有的印花敷彩纱，其孔眼被堵塞，表明印制图案时已采用某种干性油类做胶粘剂调和颜料，这种色浆既有一定的流动性，又不会渗过织物。

在秦汉时期，我国西南地区的

兄弟民族则又发明了蜡染技术，在古代叫作"蜡缬"，"缬"就是有花纹的丝织品。这种技术是利用蜂蜡或白虫蜡作为染剂。

他们先用熔化的蜡在白帛、布上绘出花卉图案，然后浸入靛缸染色。染好后，将织物用水煮脱蜡而显花，就得到蓝底白花或蓝地浅花的印花织品，有独特的风格，图案色调饱满，层次丰富，简洁明快，朴实高雅，具有浓郁的民族特色。

在南北朝时期，我国大江南北又流行起"绞缬"、"夹缬"等染花技术。

绞缬是先将待染丝织物，按预先设计的图案用线钉缝，抽紧后，再用线紧紧结扎成各式各样的小簇花团，如蝴蝶、腊梅、海棠等。

浸染时钉扎部分难以着色，于是染完拆线后，缚结部分就形成着色不充分的花朵，很自然地形成由浅至深的色晕和色地浅花的图案。

夹缬的技艺有一个从低级到高级的发展过程。最初是用两块雕镂图案相同的木花板，把布、帛折叠夹在中间，涂上防染剂，例如含有浓碱的浆料，然后取出织物，进行浸染，便成为对称图案的印染品。

其后，则采用两块木制框架，紧绷上纱罗织物，而把两片相同的镂空纸花版分别贴在纱罗上，再把待染织品放在框中，夹紧框，再以防染剂或染料涂刷，于是最后便成为白花色地或色花白地的图案，很像今天的蜡纸手动油墨印刷。

盛唐时期，夹缬印花的作品图案纤细流畅，又有连续纹样，已不是上述技术所能实现的。

据印纺史家推测，这时已能直接用油漆之类作为隔离层，把纹样图案描绘在纱罗上，因此线条细密，图案轮廓清晰，纹样也可以连续，这种工艺可称为"筛罗花版"，或简称"罗版"。这种设想已为模拟试验所证实。

至宋代，镂空的印花版开始改用桐油竹纸，代替以前的木版，所以印花更加精细；更在染液中加胶粉，调成浆状，以防染液渗化。

我国古代的印染工艺，充分体现了古代匠人绝顶的聪明才智和高度的文化素养，他们为美化人类的生活作出了卓越的贡献。

拓展阅读

我国染色技术与纺织业的发展相辅相成，有着悠久的历史。历代都很重视染色这项技艺，从周代至清代，各代王朝都设有专门掌管染色的机构。

在周代，总御天下百官的天官下有"染人"，就是管理染色的官员；在秦代设有"染色司"；自汉至隋各代都设有"司染署"；唐代的"织染署"下有"练染作"；宋代工部少府监有"内染院"；明清时期则设有"蓝靛所"。这些官方的染色管理机构又是研究机构，垄断着当时染色技艺的专利。

油漆技术与化学工艺

　　漆器是我国古代劳动人民在化学工艺和工艺美术方面的重要发明。漆器坚牢耐用，外表光泽美观，体质轻巧，不但广泛用于日常生活之中，而且在工业的各部门均有用到。

　　在实践中，我国古人运用化学手段，创造了戗漆彩绘、夹纻造像、"金银平脱"、"剔红"、"戗金"等油漆技术，享誉中外。

　　漆液是我国原产的漆科木本植物漆树的一种生理分泌物，我国古代聪明的劳动人民把这种自然现象加以人工利用，从漆树中有意识地引出更多的漆液，把它刷在用具上，就成为原始的漆器。

　　古代先民发现，从漆树上取出的漆汁中含有一些水分，就在日光下边搅边晒脱水，制成深色黏稠状的流体。这样，生漆成为了熟漆；又加入红色颜料，就成为原始的色漆。

　　此外，古代先民还认识到漆膜的性能和成膜的条件，发明了髹漆技术。比如春秋晚期精美的几、案、俎、鼓瑟、戈柄、镇墓兽等，都有实物出土。

　　考古工作者曾在江苏吴江新石器时期晚期遗址中，出土有髹漆彩绘黑陶罐；安阳殷墟遗址中也出土红色雕花木器印痕，是现存最古的漆器纹饰。

战国漆器彩绘中包括红、黄、蓝、白、黑5种色和各种复色，所用颜料大概是朱砂、石黄、雄黄、雌黄、红土、白土等矿物性颜料和蓝靛等植物性染料。

我国古代制漆器的时候，常常要在漆里掺入桐油等干性植物油。在制造彩色漆器的时候，也用桐油和各种颜料或染料构成的抽彩加绘各种花纹图案。因此形成我国具有独特民族风格的漆器工艺。

桐油是我国特产的应用得比较广的干性植物油。它是从油桐树种子中榨出来的，主要成分是桐油酸。我国古代很早就认识了桐油成膜的性能，并且把它和漆液合用，这在化学技术史上也是一个卓越的创举。

为了防腐，后来有些木建筑和金属器物表面也涂饰漆层，许多漆器上都绘有各种彩色花纹图案。

从技术上来判断，春秋战国时期一些漆器显然是用干性油加各色颜料配成的油彩来绘饰各种纤细的花纹图案的。虽然油彩亮度比漆大，但是抗老化性不及漆。漆产量比油小，成本比油高。

把干性油作为稀释剂填入漆中，既可改善性能，又可降低成本。把油和漆合用，正可取长补短，使物尽其用。就是近代也还是这样。

秦汉时期，油漆技术进入新的发展阶段。西汉史学家司马迁《史记·滑稽列传》中有关于"荫室"的记载。荫室是制漆时候的特殊专用房间，因为漆酚在阴湿环境下容易聚合成膜，干后又不容易裂纹，荫室的设置正是为此提供条件。

汉代出土漆器有勺、盘、案、奁、盒、耳杯、枕、棺椁等，内胎多是木、麻两种，麻胎的称"夹纻"。漆器上还饰以金银铜箍，叫作"扣器"，是一种奢侈品。一件纹饰漆杯等于10件铜杯，而金银扣器自然要比这还贵重。

汉代在漆器主要产地四川的蜀郡和广汉郡，富豪之家竞相使用漆器。这类金银扣器在出土器物中也有出现，漆器铭文中的"黄涂工"可能和造这类漆器的工种有关。

从出土的汉代纪年铭漆器上，可以考查出它的制作年代、地点和工匠名，还反映出漆工作坊里的劳动分工相当繁细，这为了解当时油漆技术操作过程提供了宝贵资料。

汉代官营漆器作坊中，有做内胎的素工、上工，即漆工，在铜制附饰品上鎏金的黄涂工，描绘油彩花纹的画工，刻铭文的鬃工，最后修整的清工，管全面的工师的造工等工种。官中有护工卒史、丞、橡、令史等。

除官工外，民间漆工经营也相当发达。当时的民谚有"家有百株桐，一世永无穷"。

两晋南北朝时期，古代漆工又发明用夹纻造像。先借木骨泥模塑造出底胎，再在外面粘贴麻布几层，布胎上鬃漆并且彩绘，等干了以后，除去泥模，就成了

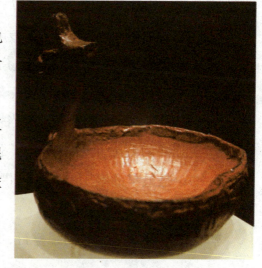

中空的漆塑像，又叫"脱胎"。

当时已经可以塑造出丈八高的巨型脱胎塑像，是古代油漆工艺的一大成就。

贾思勰还在他的《齐民要术》中有专篇论述漆器，尤其是叙述了延长漆膜耐久性的保护方法，指出漆器遇潮湿容易生霉，必须在盛夏连雨季节"一曝使干"，利用日光紫外线杀菌。

还提到朱砂亲油性好，具有耐候性。这些精辟意见，都是根据长期实践总结出来的。

唐代在两汉金银扣器的基础上发展为"金银平脱"。就是把金银薄片雕成花纹胶粘在漆胎上，上漆后经打磨推光，现出闪闪发光的金银花纹，和漆面平托于器表，十分考究。

唐代又创制"剔红"技术，把朱漆层层涂在木或金属胎上，每上一道漆就用刀剔出深浅花纹图案，显出有立体感的图像。同时用蚌壳、玉石装饰在漆面上的螺钿也相当发展。

五代时候的藏书家朱遵度为了总结历代漆工的经验，写出《漆经》一书，是最早的漆工专著。可惜，这样一部重要的书竟没有流传下来。

唐代的剔红在宋元时期很盛行，又称"雕红"，底胎用贵金属。

类器物至今仍有传世，确实名不虚传。还有一种叫"犀皮"的漆器，也以宋代所制的比较好，涂的是朱黑黄三色漆，和犀牛皮很相像。

元代以浙江嘉兴的张成、杨茂二家所制雕红最闻名，雕法圆浑。嘉兴彭君宝又以"戗金"著称。

所谓戗金是填漆的一种，在漆地上先刻好花纹图案，再填上金粉，经打磨后成器。和金银平脱相比，又别具一格。

螺钿也是元代供富室之家享用的高级漆器，除蚌壳外，还饰以各种颜色的珠宝玉石，组成一幅美丽的画面。

明清时期，油漆技术继续发展。明代初期洪武年间就在南京设立了漆园、桐园，种漆、桐各千万棵，以示提倡。永乐年间又在北京果园厂设立官局用来制造雕漆，由元代著名漆工张成的儿子张德刚等名匠在里面操作，用鍮、木、锡料作胎，专供皇家御用。宣德年间的剔红、填漆尤其优美。

隆庆年间，新安的民间剔红艺人黄成的作品，可以和官局果园厂的制品媲美。

黄成还写了《髹饰录》一书。这书分乾、坤两集：乾集讲漆器制造的原料、工具、方法，列举了各种漆器可能产生的毛病和原因；坤集叙述漆器分类和各种漆器的几十种装饰手法。

这是现存一部完整的具有总结性的漆工专著，为古代漆器的

定名和分类提供了可靠的依据。

清代以来基本上承袭了前代的技术。嘉庆、道光年间扬州漆工卢葵生和他的作品是有代表性的，所制镶嵌、雕刻、造像等都有传世作品。后来油漆技术没有很好地发展，有些技法反而失传。

我国漆器和髹漆技术很早就流传到了国外。朝鲜、蒙古、日本等东亚国家，缅甸、印度；孟加拉国、柬埔寨、泰国等东南亚国家，以及中亚、西亚各国，都在很早以前的汉、唐、宋代从我国传入了漆器和油漆技术，并且分别组织了漆器生产，构成亚洲各国一门独特的手工艺行业。

新航路发现以后，我国漆器再向西传到欧洲一些国家。

拓展阅读

1421年，明永乐皇帝朱棣力排众议将国都迁往北京。定都后即下令从全国征召工匠充盈内府。

出于对雕漆的重视，永乐皇帝还亲自面试漆器工匠的技艺水平。他听闻元代雕漆名匠张成、杨茂皆善于雕漆，下诏命两人入京，其时两人已故去，张成之子张德刚因子承父业替其父进京面圣。永乐皇帝当面考察，非常满意，于是将其委任为营缮所做技术副长官，管理果园厂雕漆生产。

从这里可以看出永乐皇帝朱棣对雕漆的酷爱。而永乐一朝制作的雕漆彪炳后世。